Eureka Math
3.er grado
Módulos 6 y 7

Un agradecimiento especial al Gordon A. Cain Center y al Departamento de Matemáticas de la Universidad Estatal de Luisiana por su apoyo en el desarrollo de *Eureka Math*.

Para obtener un paquete
gratis de recursos de Eureka
Math para maestros,
Consejos para padres y más,
por favor visite
www.Eureka.tools

Publicado por la organización sin fines de lucro Great Minds®.

Copyright © 2017 Great Minds®.

Impreso en EE. UU.

Este libro puede comprarse directamente en la editorial en eureka-math.org

10 9 8 7 6 5 4

ISBN: 978-1-68386-211-6

Nombre _____ Fecha _____

1. "¿Cuál es tu color favorito?" Haz una encuesta en el grupo para completar la tabla de conteo a continuación.

Colores favoritos	
Color	**Total de estudiantes**
Verde	
Amarillo	
Rojo	
Azul	
Naranja	

2. Usa la tabla de conteo para contestar las siguientes preguntas.

   a. ¿Cuántos estudiantes eligieron el naranja como su color favorito?

   b. ¿Cuántos estudiantes eligieron el amarillo como su color favorito?

   c. ¿Cuál color eligieron más los estudiantes? ¿Cuántos estudiantes lo eligieron?

   d. ¿Cuál color eligieron menos los estudiantes? ¿Cuántos estudiantes lo eligieron?

   e. ¿Cuál es la diferencia entre el número de estudiantes en las Partes (c) y (d)? Escribe un enunciado numérico para mostrar tu razonamiento.

   f. Escribe una ecuación que muestre el número total de estudiantes encuestados en esta tabla.

3. Usa la tabla de conteo en el Problema 1 para completar las gráficas de imágenes a continuación.

   a.

Colores favoritos				
Verde	Amarillo	Rojo	Azul	Naranja

   Cada ♥ representa 1 estudiante.

   b.

Colores favoritos				
Verde	Amarillo	Rojo	Azul	Naranja

   Cada ♥ representa 2 estudiantes.

4. Usa la gráfica de imágenes en el Problema 3(b) para contestar las siguientes preguntas.

   a. ¿Qué representa cada ?

   b. Haz un dibujo y escribe un enunciado numérico para mostrar cómo representar a 3 estudiantes en tu gráfica de imágenes.

   c. ¿Cuántos estudiantes representa ♡ ♡ ♡ ♡ ♡ ♡ ♡ ? Escribe un enunciado numérico para mostrar cómo lo sabes.

   d. ¿Cuántos ♡ más dibujaste para el color que los estudiantes eligieron más que para el color que eligieron menos? Escribe un enunciado numérico para mostrar la diferencia entre el número de votos para el color que los estudiantes eligieron más que para el color que eligieron menos.

Esta página se dejó en blanco intencionalmente

Nombre ____ Fecha _______________

1. La tabla de conteo a continuación muestra una encuesta de las mascotas preferidas de los estudiantes. Cada marca de conteo representa a 1 estudiante.

Mascotas favoritas	
Mascotas	**Total de mascotas**
Gatos	~~////~~ /
Tortugas	////
Peces	//
Perros	~~////~~ ///
Lagartos	//

La tabla muestra un total de __________ estudiantes.

2. Usa la tabla de conteo en el Problema 1 para completar la gráfica de imágenes a continuación. El primer ejercicio ya está resuelto.

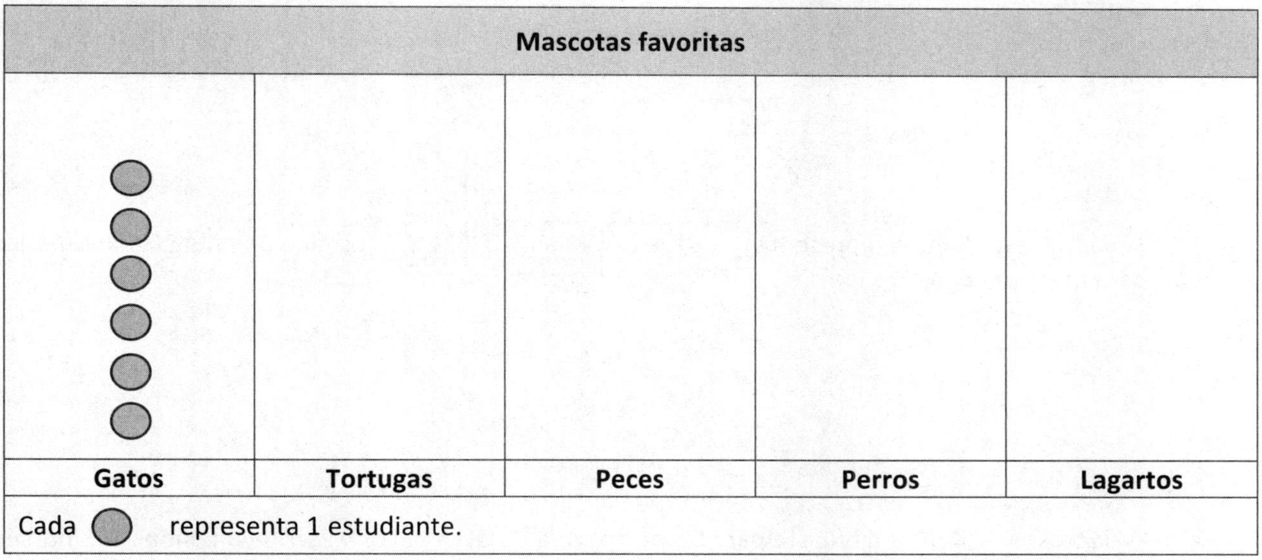

Mascotas favoritas				
○ ○ ○ ○ ○ ○				
Gatos	**Tortugas**	**Peces**	**Perros**	**Lagartos**
Cada ○ representa 1 estudiante.				

a. El mismo número de estudiantes eligió __________ y __________ como su mascota favorita.

b. ¿Cuántos estudiantes eligieron a los perros como su mascota favorita?

c. ¿Cuántos estudiantes eligieron más gatos que tortugas como su mascota favorita?

3. Usa la tabla de conteo en el Problema 1 para completar la gráfica de imágenes a continuación.

Mascotas favoritas				
Gatos	Tortugas	Peces	Perros	Lagartos

Cada [ ] representa 2 estudiantes.

a. ¿Qué representa cada [ ] ?

b. ¿Cuántos estudiantes representa [ ] [ ] [ ] [ ] [ ] ? Escribe un enunciado numérico para mostrar cómo lo sabes.

c. ¿Cuántos [ ] más dibujaste para los perros que para los peces? Escribe un enunciado numérico para mostrar cuántos estudiantes más eligieron el perro que los peces.

Lección 1:   Crear y organizar datos.

©2017 Great Minds®. eureka-math.org

Nombre _____   Fecha _____

1. Encuentra el número total de sellos que tiene cada estudiante. Dibuja diagramas de cinta con un tamaño de unidad de 4 para mostrar el número de sellos que tiene cada estudiante. El primer ejercicio ya está resuelto.

Dana

Tanisha

Raquel

Anna

Cada  representa 1 sello.

Dana: | 4 | 4 | 4 | 4 |

Tanisha:

Raquel:

Ana:

2. Explica cómo puedes crear diagramas de cinta verticales para mostrar estos datos.

3. Completa los diagramas de cinta verticales a continuación con los datos del Problema 1.

a.

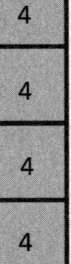

    Dana   Tanisha   Raquel   Anna

b.

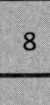

    Dana   Tanisha   Raquel   Anna

c.   ¿Cuál es un buen título para los diagramas de cinta verticales?

d.   ¿Cuántas unidades totales de 4 hay en los diagramas de cinta verticales en el Problema 3(a)?

e.   ¿Cuántas unidades totales de 8 hay en los diagramas de cinta verticales en el Problema 3(b)?

f.   Compara tus respuestas con las Partes (d) y (e). ¿Por qué la cantidad de unidades cambia?

g.   Mattaeus mira los diagramas de cinta verticales en el Problema 3(b) y descubre el número total de sellos de Anna y Raquel escribiendo la ecuación: 7 x 8 = 56. Explica su razonamiento.

Nombre _____ Fecha _____

1. Adi hace una encuesta a los de tercer grado para saber sus frutas favoritas. Los resultados están en la tabla siguiente.

Frutas favoritas de los estudiantes de tercero	
Fruta	Total de votos de estudiantes
Banana	8
Manzana	16
Fresa	12
Durazno	4

Dibuja unidades de 2 para completar los diagramas de cinta para mostrar los votos totales para cada fruta. El primer ejercicio ya está resuelto.

Banana: | 2 | 2 | 2 | 2 |

Manzana:

Fresa:

Durazno:

2. Explica cómo puedes crear diagramas de cinta verticales para mostrar estos datos.

3. Completa los diagramas de cinta verticales a continuación con los datos del Problema 1.

    a.

    | 2 |
    | 2 |
    | 2 |
    | 2 |

    Banana   Manzana   Fresa   Durazno

    b.

    | 4 |
    | 4 |

    Banana   Manzana   Fresa   Durazno

    c. ¿Cuál es un buen título para los diagramas de cinta verticales?

    d. Compara la cantidad de unidades usada en los diagramas de cinta verticales de los Problemas 3(a) y 3(b). ¿Por qué la cantidad de unidades cambia?

    e. Escribe un enunciado numérico de multiplicación para mostrar el total de votos para la fresa en el diagrama de cinta vertical del Problema 3(a).

    f. Escribe un enunciado numérico de multiplicación para mostrar el total de votos para la fresa en el diagrama de cinta vertical del Problema 3(b).

    g. ¿Qué cambia en tus enunciados numéricos de multiplicación de los Problemas 3(e) y (f)? ¿Por qué?

EUREKA
MATH™

Nombre _____   Fecha _____

1.   Esta tabla muestra el total de estudiantes en cada grupo.

Total de estudiantes en cada clase	
Clase	Total de estudiantes
Cocina	9
Deportes	16
Coro	13
Teatro	18

Usa la tabla para colorear la gráfica de barras. La primera ya está hecha.

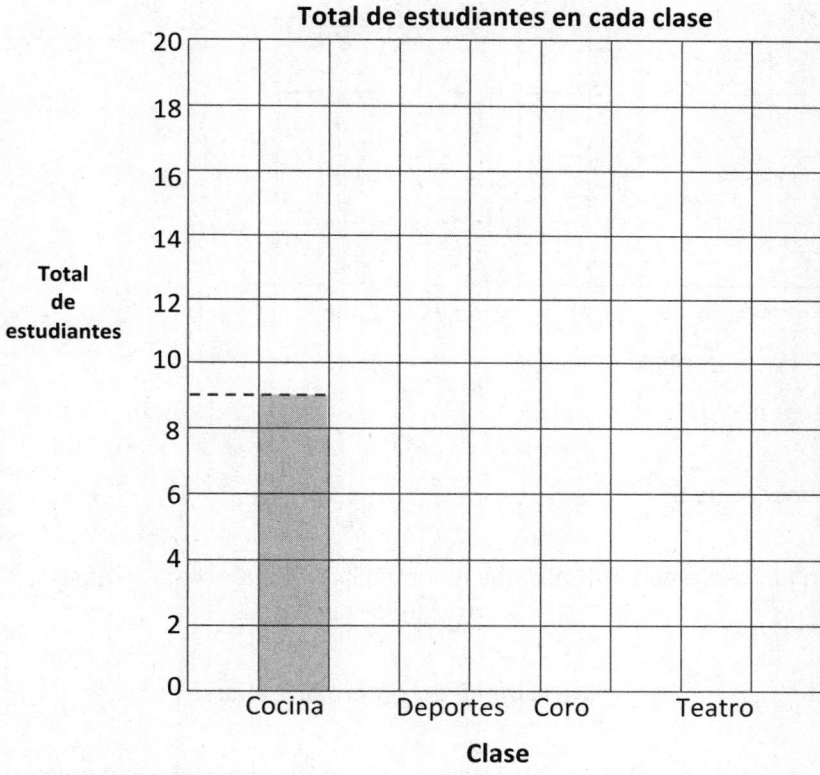

a.   ¿Cuál es el valor de cada cuadrado en la gráfica de barras?

b.   Escribe un enunciado numérico para mostrar cuántos estudiantes en total están inscritos en clases.

c.   ¿Cuántos estudiantes menos hay en deportes que en coro y cocina combinados? Escribe un enunciado numérico para mostrar tu razonamiento.

2. Esta gráfica de barras muestra los ahorros de Kyle de febrero a junio. Usa una regla para ayudarte a leer la gráfica.

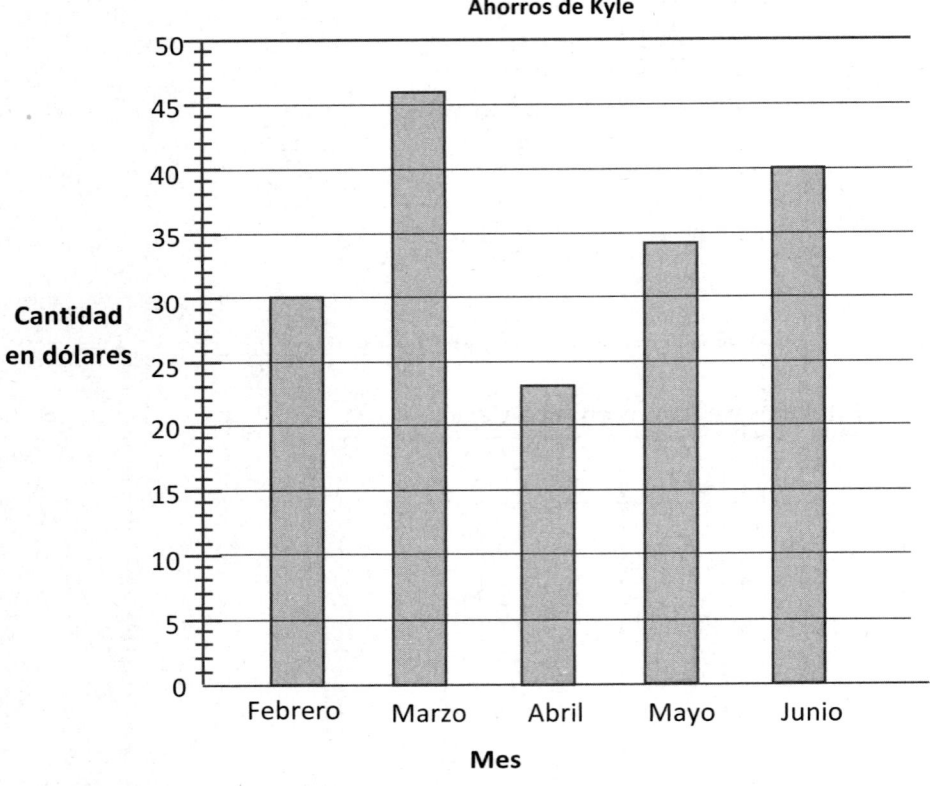

Ahorros de Kyle

a. ¿Cuánto dinero ahorró Kyle en mayo?

b. ¿En qué meses Kyle ahorró menos de $35?

c. ¿Cuánto más ahorró Kyle en junio que en abril? Escribe un enunciado numérico para mostrar tu razonamiento.

d. El dinero que Kyle ahorró en _____ fue la mitad del dinero que ahorró en _____.

3. Completa la siguiente tabla para mostrar los mismos datos dados en la gráfica de barras del Problema 2.

Meses	Febrero				
Cantidad ahorrada en dólares					

Lección 3:   Crear gráficas de barras a escala.

Esta gráfica de barras muestra el número de minutos que Charlotte leyó de lunes a viernes.

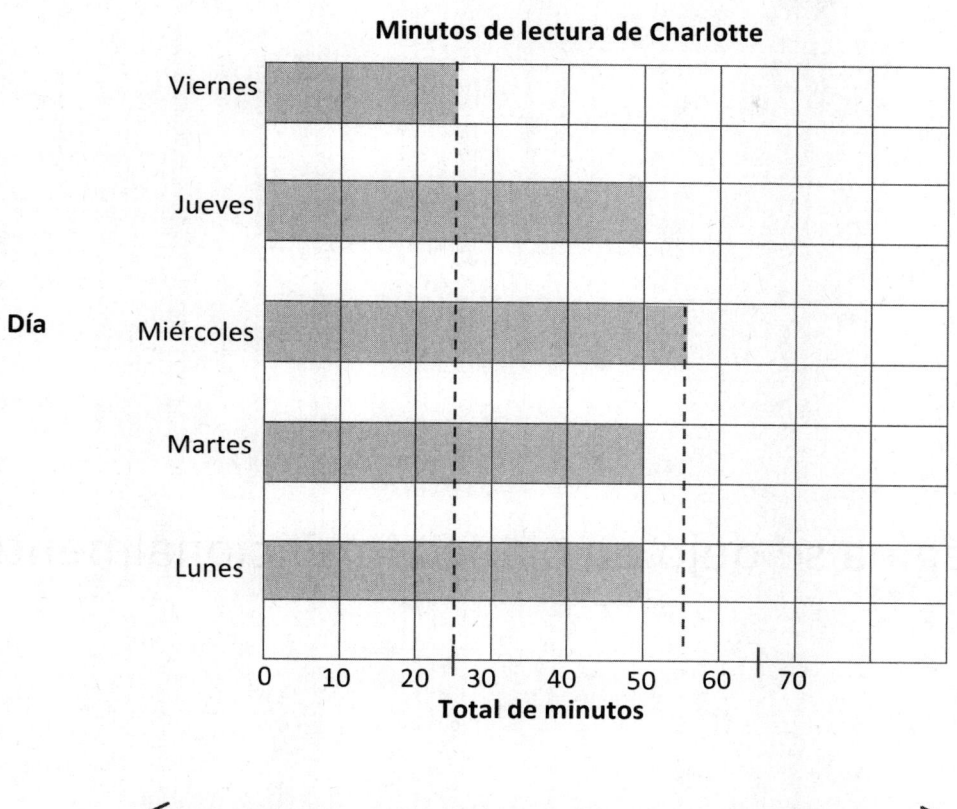

4. Usa las líneas de la gráfica como regla para dibujar los intervalos en la recta numérica de arriba. Después, grafica e identifica un punto para cada día en la recta numérica.

5. Usa la gráfica o recta numérica para responder las siguientes preguntas.

   a. ¿En qué días Charlotte leyó la misma cantidad de minutos? ¿Cuántos minutos leyó Charlotte en esos días?

   b. ¿Cuántos minutos más leyó Charlotte el miércoles que el viernes?

Esta página se dejó en blanco intencionalmente

Nombre _____ Fecha _____

1. Esta tabla muestra las materias favoritas de los estudiantes de tercero en la primaria Cayuga.

Materias favoritas	
Materia	Total de votos de estudiantes
Matemáticas	18
ELA	13
Historia	17
Ciencia	?

Usa la tabla para colorear la gráfica de barras.

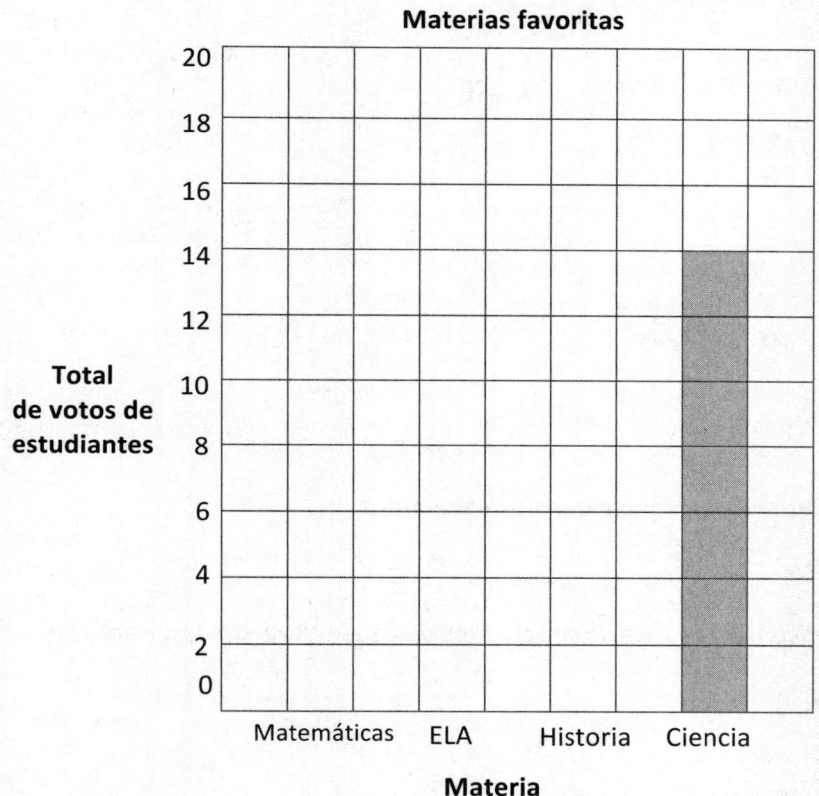

a. ¿Cuántos estudiantes votaron por ciencia?

b. ¿Cuántos estudiantes más votaron por Matemáticas que por Ciencia? Escribe un enunciado numérico para mostrar tu razonamiento.

c. ¿Cuál tiene más votos, Matemáticas y ELA juntos o Historia y Ciencia juntos? Muestra tu trabajo.

2. Esta gráfica de barras muestra el número de litros de agua que usa Skyler este mes.

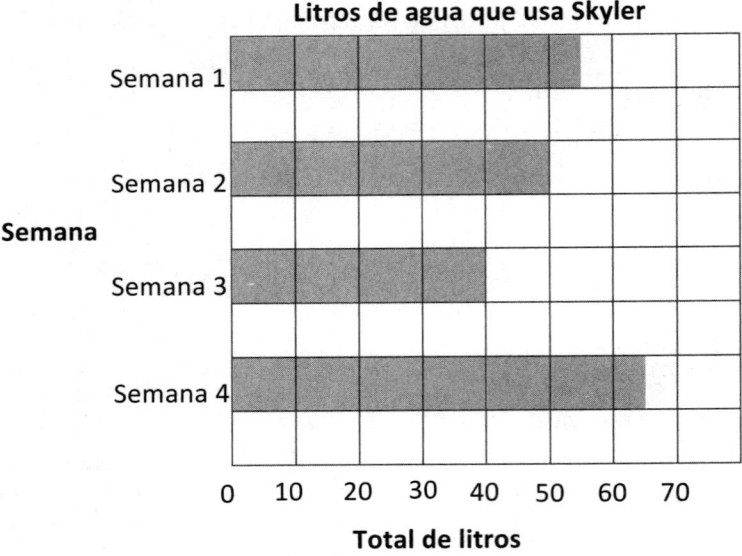

a. ¿Durante qué semana Skyler usa más agua?
    ¿Y menos?

b. ¿Cuántos litros más usa Skyler en la Semana 4 que en la Semana 2?

c. Escribe un enunciado numérico para mostrar cuántos litros de agua utiliza Skyler durante las semanas 2 y 3 combinadas.

d. ¿Cuántos litros usa Skyler en total?

e. Si Skyler utiliza 60 litros en cada una de las 4 semanas del próximo mes, ¿tendrá que usar más o menos de lo que usa este mes? Muestra tu trabajo.

3. Completa la tabla de abajo para mostrar los datos que se muestran en la gráfica de barras del Problema 2.

Litros de agua que usa Skyler	
Semana	Litros de agua

Esta página se dejó en blanco intencionalmente

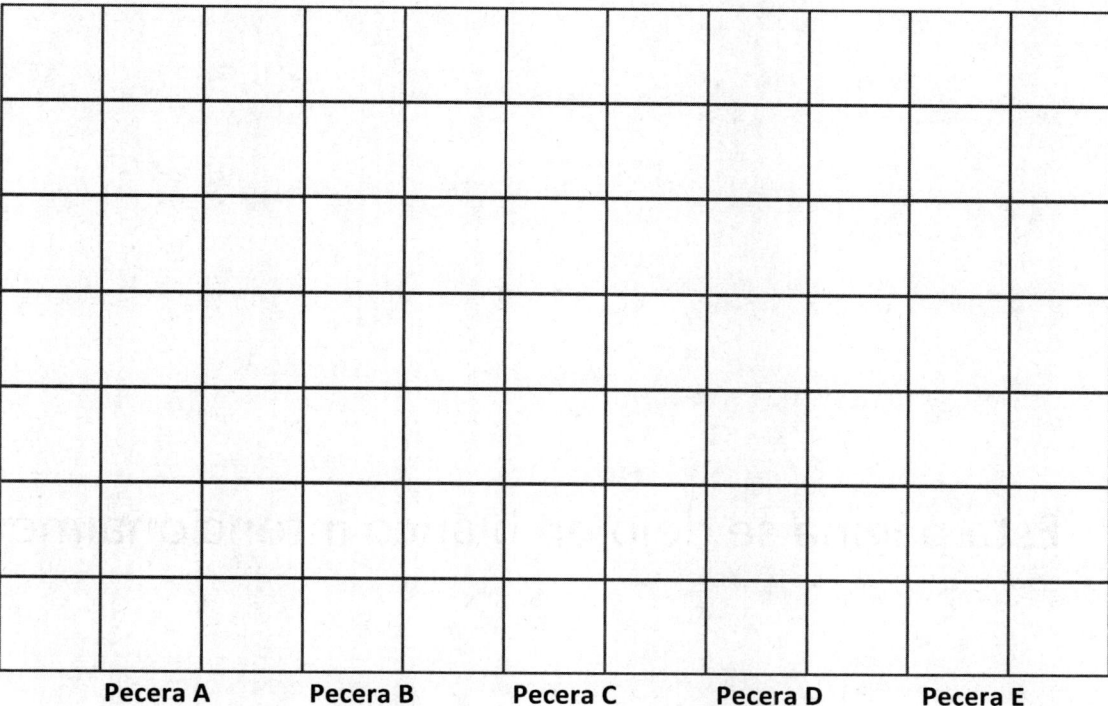

Pecera A   Pecera B   Pecera C   Pecera D   Pecera E

Pecera

gráfica A

Esta página se dejó en blanco intencionalmente

Número de peces en la tienda de mascotas de Sal

Pecera E

Pecera D

Pecera

Pecera C

Pecera B

Pecera A

Número de peces

gráfica B

Esta página se dejó en blanco intencionalmente

Nombre _____   Fecha _____

1. La siguiente tabla muestra el número de revistas vendidas por cada estudiante.

Estudiante	Ben	Rachel	Jeff	Stanley	Debbie
Revistas vendidas	300	250	100	450	600

a. Usa la tabla para dibujar una gráfica de barras a continuación. Crea una escala adecuada para la gráfica.

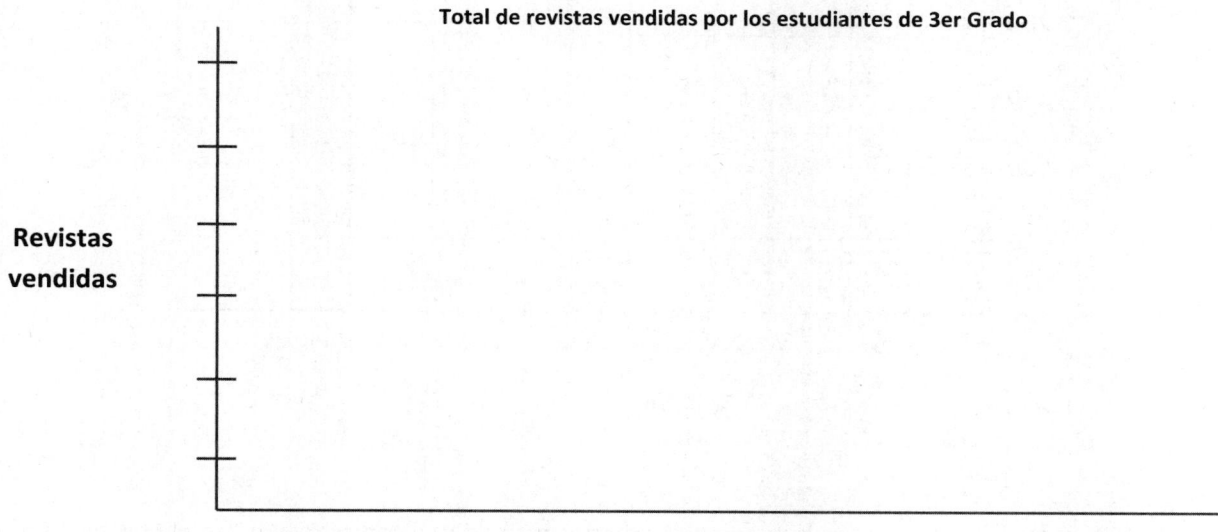

Total de revistas vendidas por los estudiantes de 3er Grado

Revistas vendidas

Estudiante

b. Explica por qué elegiste la escala para la gráfica.

c. ¿Cuántas revistas menos vendió Debbie que Ben y Stanley juntos?

d. ¿Cuántas revistas más vendieron Debbie y Jeff que Ben y Rachel?

Lección 4:   Resolver problemas de uno y dos pasos que incluyen gráficas.

23

2. La gráfica de barras muestra el número de visitantes a un carnaval de lunes a viernes.

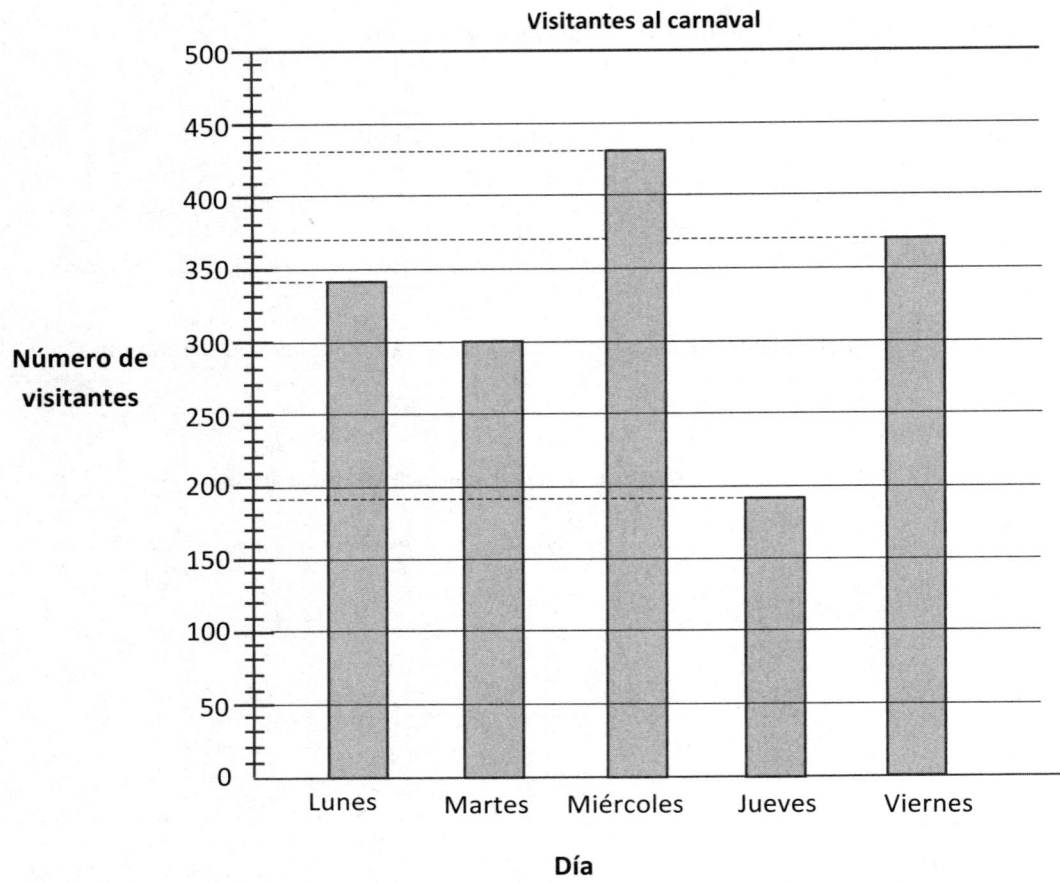

Visitantes al carnaval

Número de visitantes

Día

a. ¿Cuántos visitantes menos hubo en el día menos ocupado en comparación con el más ocupado?

b. ¿Cuántos visitantes más fueron al carnaval el lunes y martes combinados que el jueves y viernes combinados?

EUREKA MATH

Nombre _____   Fecha _____

1. María cuenta las monedas de su alcancía y escribe los resultados en la tabla de conteo a continuación. Usa las marcas de conteo para saber el total de cada moneda.

Monedas en la alcancía de María		
Moneda	**Conteo**	**Total de monedas**
Moneda de 1 centavo	ЖЖ ЖЖ ЖЖ ЖЖ ЖЖ ЖЖ ЖЖ ЖЖ ЖЖ ЖЖ ЖЖ ЖЖ ЖЖ ///	
Moneda de 5 centavos	ЖЖ ЖЖ ЖЖ ЖЖ ЖЖ ЖЖ ЖЖ ЖЖ ЖЖ ЖЖ ЖЖ ЖЖ //	
Monedas de 10 centavos	ЖЖ ЖЖ ЖЖ ЖЖ ЖЖ ЖЖ ЖЖ ЖЖ ЖЖ ЖЖ ЖЖ //	
Moneda de 25 centavos	ЖЖ ЖЖ ЖЖ ЖЖ ////	

a. Usa la tabla de conteo para completar la siguiente gráfica de barras. Se proporciona la escala.

Monedas en la alcancía de María

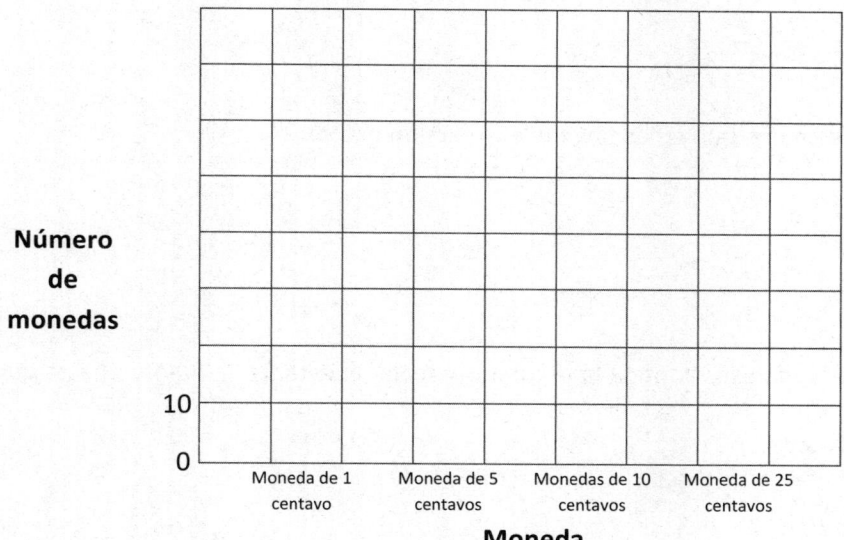

Número de monedas

10

0

Moneda de 1 centavo   Moneda de 5 centavos   Monedas de 10 centavos   Moneda de 25 centavos

Moneda

b. ¿Cuántas monedas más hay de 1 centavo que de 10?

c. María dona 10 monedas de cada una a la caridad. ¿Cuántas monedas le quedan? Muestra tu trabajo.

EUREKA MATH™

Lección 4:   Resolver problemas de uno y dos pasos que incluyen gráficas.

25

©2017 Great Minds®. eureka-math.org

2. El grupo de la profesora Hollmann va a una excursión escolar al planetario con el grupo del profesor Fiore. El total de estudiantes en cada grupo se muestra en las gráficas de imágenes a continuación.

Estudiantes en el grupo de la Srta. Hollmann

| Niños | |
| Niñas | |

☐ = 2 estudiantes

Estudiantes en el grupo del profesor Fiore

| Niños | |
| Niñas | |

☐ = 2 estudiantes

a. ¿Cuántos niños menos que niñas hay en la excursión escolar?

b. La asistencia de cada estudiante a la excursión escolar cuesta $2. ¿Cuánto cuesta que vayan todos los estudiantes?

c. La cafetería del planetario tiene 9 mesas con 8 sillas en cada mesa. Contando estudiantes y maestros, ¿cuántas sillas vacías debería haber cuando los 2 grupos se sienten a comer?

EUREKA MATH

gráfica

Lección 4: Resolver problemas de uno y dos pasos que incluyen gráficas.

27

©2017 Great Minds®. eureka-math.org

Esta página se dejó en blanco intencionalmente

Nombre _____ Fecha _____

1. Usa la regla que hiciste para medir las pajillas de otro compañero hasta la pulgada, $\frac{1}{4}$ de pulgada y $\frac{1}{2}$ pulgada más cercana. Escribe las medidas en la siguiente tabla. Dibuja una estrella junto a las medidas que sean exactas.

Dueño de la pajilla	Medida hasta la pulgada más cercana	Medida hasta la 1/2 pulgada más cercana	Medida hasta el 1/4 de pulgada más cercano
Mi pajilla			

a. La pajilla de _____ es la más corta que medí. Mide _____ pulgada(s).

b. La pajilla de _____ es la más larga que medí. Mide _____ pulgadas.

c. Elige la pajilla de tu tabla que mediste con más precisión con los intervalos de $\frac{1}{4}$ de pulgada de tu regla. ¿Cómo sabes qué intervalos de $\frac{1}{4}$ de pulgada son los más adecuados para medir esta pajilla?

EUREKA MATH™

Lección 5: Crear una regla con intervalos de 1 pulgada, $\frac{1}{2}$ y $\frac{1}{4}$ de pulgada y generar datos de medidas.

©2017 Great Minds®. eureka-math.org

29

2. Jenna marca una tira de papel de 5 pulgadas en partes iguales como se muestra abajo.

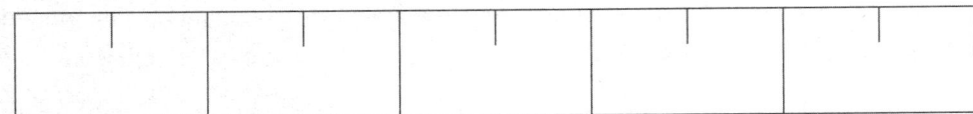

   a. Identifica las pulgadas completas y medias pulgadas en la cinta de papel.

   b. Calcula para dibujar las marcas de $\frac{1}{4}$ de pulgadas en la cinta de papel. Después, llena los espacios en blanco.

      1 pulgada es igual a _____ medias pulgadas.

      1 pulgada es igual a _____ cuartos de pulgada.

      1 media pulgada es igual a _____ cuartos de pulgada.

   c. Describe cómo Jenna podría usar su cinta de papel para medir un objeto más largo que 5 pulgadas.

3. Sari dice que su lápiz mide 8 medias pulgadas. Bart no está de acuerdo y dice que mide 4 pulgadas. Explícale a Bart por qué las dos medidas son las mismas en el espacio de abajo. Usa palabras, imágenes o números.

Lección 5:   Crear una regla con intervalos de 1 pulgada, $\frac{1}{2}$ y $\frac{1}{4}$ de pulgada y generar
              datos de medidas.

EUREKA MATH

Nombre _____   Fecha _____

1. Travis midió 5 lápices de color diferentes hasta la pulgada, $\frac{1}{2}$ pulgada y $\frac{1}{4}$ de pulgada más cercana. Escribe las medidas en la siguiente tabla. Dibuja una estrella junto a las medidas que sean exactas.

Lápiz de color	Medida hasta la pulgada más cercana	Medida hasta la 1/2 pulgada más cercana	Medida hasta el 1/4 de pulgada más cercano
Rojo	7	$6\frac{1}{2}$	$6\frac{3}{4}$
Azul	5	5	$5\frac{1}{4}$
Amarillo	6	$5\frac{1}{2}$ ☆	$5\frac{1}{2}$ ☆
Morado	5	$4\frac{1}{2}$	$4\frac{3}{4}$
Verde	2	3	$1\frac{3}{4}$

a. ¿Qué lápiz de color es el más largo? _____

Mide _____ pulgadas.

b. Mira cuidadosamente los datos de Travis. ¿Qué lápiz de color es más probable que necesite medirse de nuevo? Explica cómo lo sabes.

EUREKA MATH™

Lección 5:   Crear una regla con intervalos de 1 pulgada, $\frac{1}{2}$ y $\frac{1}{4}$ de pulgada y generar datos de medidas.

©2017 Great Minds®. eureka-math.org

31

2.   Evelyn marca una tira de papel de 4 pulgadas en partes iguales como se muestra abajo.

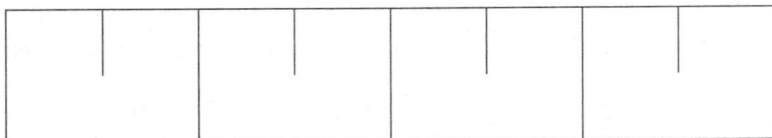

a.   Identifica las pulgadas completas y medias pulgadas en la cinta de papel.

b.   Calcula para dibujar las marcas de $\frac{1}{4}$ de pulgada en la cinta de papel. Después, llena los espacios en blanco.

1 pulgada es igual a _____ medias pulgadas.

1 pulgada es igual a _____ cuartos de pulgada.

1 media pulgada es igual a _____ cuartos de pulgada.

2 cuartos de pulgada son iguales a _____ medias pulgadas.

3.   Travis dice que su lápiz amarillo mide $5\frac{1}{2}$ pulgadas. Ralph dice que es lo mismo que 11 medias pulgadas. Explica cómo ambos están en lo correcto.

papel rayado

Lección 5:   Crear una regla con intervalos de 1 pulgada, $\frac{1}{2}$ y $\frac{1}{4}$ de pulgada y generar datos de medidas.

33

©2017 Great Minds®. **eureka-math.org**

Esta página se dejó en blanco intencionalmente

Nombre _____   Fecha _____

1. El entrenador Harris mide en pulgadas las estaturas de los niños en su equipo de baloncesto de tercer grado.
    Las estaturas se muestran en el diagrama de puntos a continuación.

Estaturas de los niños del equipo de baloncesto de tercer grado

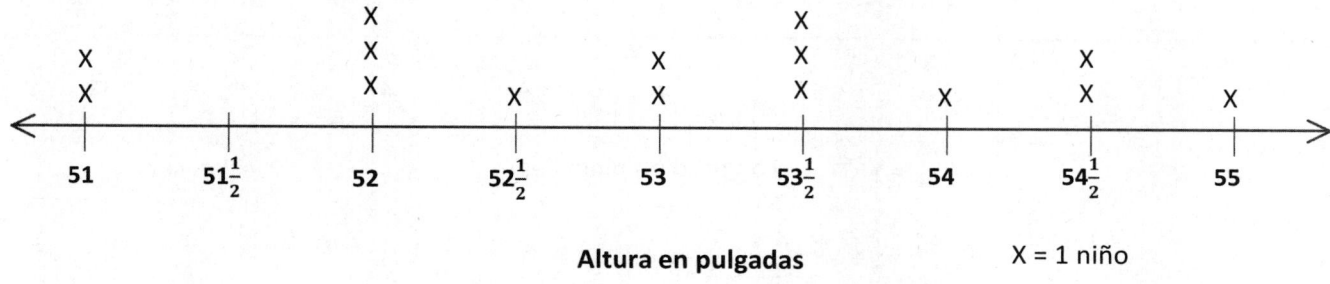

Altura en pulgadas   X = 1 niño

a. ¿Cuántos niños hay en el equipo? ¿Cómo lo sabes?

b. ¿Cuántos niños miden menos de 53 pulgadas?

c. El entrenador Harris dice que la estatura más común en los niños de su equipo es de $53\frac{1}{2}$ pulgadas. ¿Está en lo correcto? Justifica tu respuesta.

d. El entrenador Harris dice que el jugador que hace el tiro de entrada al comienzo del juego tiene que medir al menos 54 pulgadas de alto. ¿Cuántos niños podrían hacer el tiro de entrada?

2. El grupo de la Srta. Vernier está estudiando gusanos. Las longitudes de los gusanos en pulgadas se muestran en el diagrama de puntos a continuación.

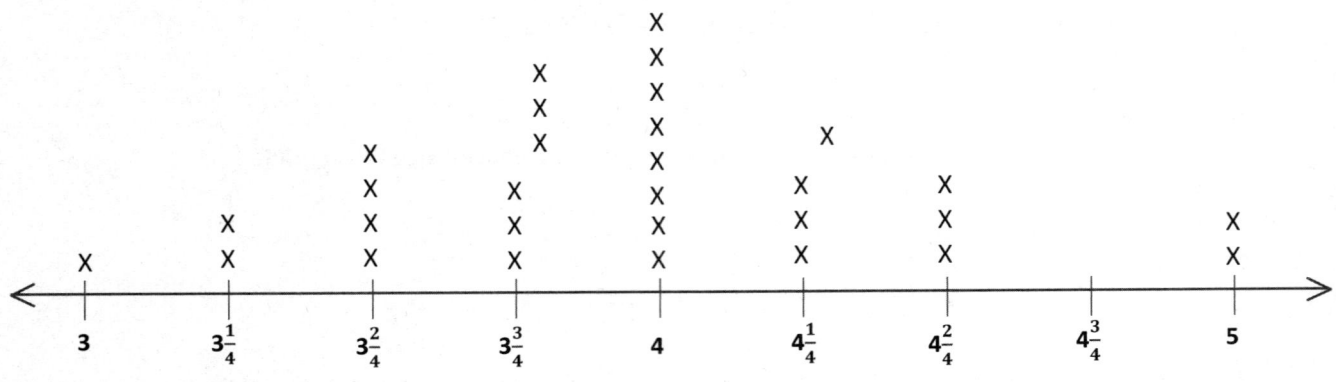

Longitudes de los gusanos

Longitud en pulgadas   *X = 1 gusano*

a. ¿Cuántos gusanos midió el grupo? ¿Cómo lo sabes?

b. Cara dice que hay más gusanos de $3\frac{3}{4}$ pulgadas de largo que gusanos de $3\frac{2}{4}$ y $4\frac{1}{4}$ pulgadas de largo combinados. ¿Está en lo correcto? Justifica tu respuesta.

c. Madeline encuentra un gusano escondido debajo de una hoja. Lo mide y tiene $4\frac{3}{4}$ pulgadas de largo. Grafica la longitud del gusano en el diagrama de puntos.

EUREKA MATH

Nombre _____ Fecha _____

1. La Srta. Leal mide las estaturas de los estudiantes de su grupo de kindergarten. Las estaturas se muestran en el diagrama de puntos a continuación.

Estaturas de los estudiantes del grupo de Kindergarten de la Srta. Leal

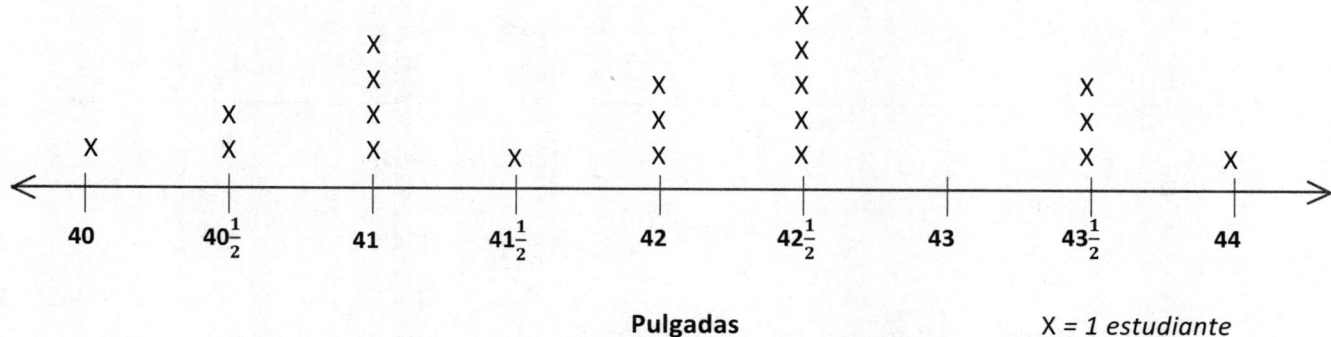

Pulgadas   *X = 1 estudiante*

a. ¿Cuántos estudiantes del grupo de la Srta. Leal miden 41 pulgadas?

b. ¿Cuántos estudiantes hay en el grupo de la Srta. Leal? ¿Cómo lo sabes?

c. ¿Cuántos estudiantes en el grupo de la Srta. Leal miden más de 42 pulgadas?

d. La Srta. Leal dice que para la foto de grupo los estudiantes de la fila de atrás deben medir al menos $42\frac{1}{2}$ pulgadas de alto. ¿Cuántos estudiantes deben estar en la fila de atrás?

EUREKA MATH™

Lección 6:   Interpretar los datos de medidas de varios diagramas de puntos.

37

2. El grupo del Sr. Stein está estudiando las plantas. Plantan semillas en bolsas de plástico transparente y miden las longitudes de las raíces. Las longitudes de las raíces en pulgadas se muestran en el diagrama de puntos a continuación.

Longitudes de las raíces de las plantas

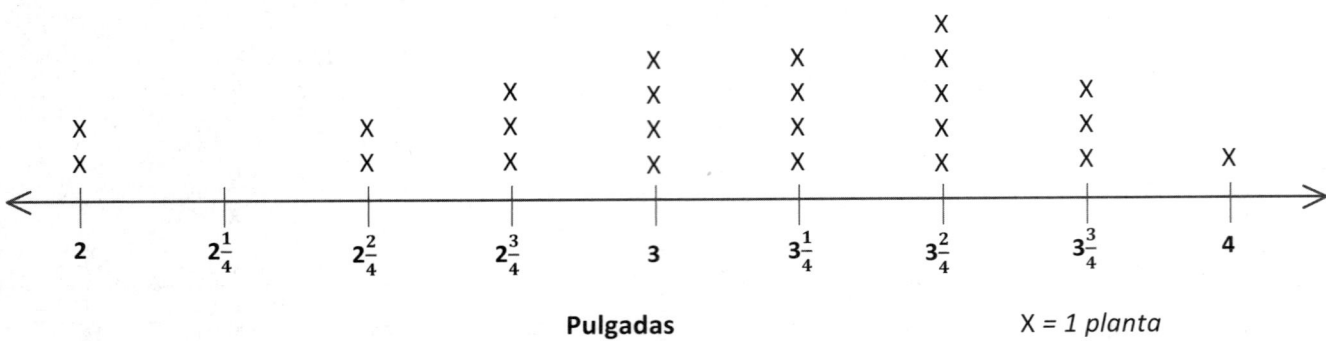

Pulgadas   X = 1 planta

a. ¿Cuántas raíces midió el grupo del Sr. Stein? ¿Cómo lo sabes?

b. Teresa dice que las 3 medidas más frecuentes en orden de la más corta a la más larga son $3\frac{1}{4}$ pulgadas, $3\frac{2}{4}$ pulgadas y $3\frac{3}{4}$ pulgadas. ¿Estás de acuerdo? Justifica tu respuesta.

c. Gerald dice que la medida más común es de 14 cuartos de pulgada. ¿Está en lo correcto? ¿Por qué sí o por qué no?

EUREKA MATH™

Tiempo afuera el fin de semana

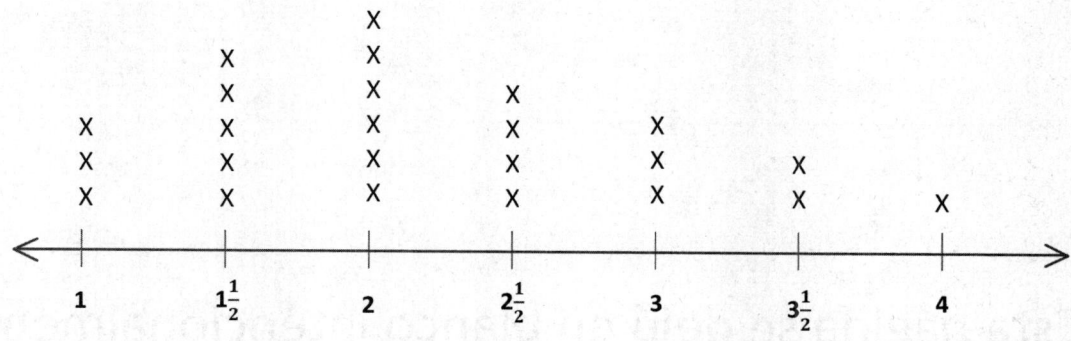

Horas

X = 1 persona

diagrama de puntos de tiempo afuera

EUREKA MATH

Lección 6:   Interpretar los datos de medidas de varios diagramas de puntos.

39

©2017 Great Minds®. eureka-math.org

Esta página se dejó en blanco intencionalmente

Nombre _____   Fecha _____

El grupo de la Srta. Weisse cultiva frijoles para un experimento de ciencia. Los estudiantes miden la altura de sus plantas de frijol hasta el $\frac{1}{4}$ de pulgada más cercano y escriben las medidas como se muestra a continuación.

Altura de las plantas de frijol (en pulgadas)				
$2\frac{1}{4}$	$2\frac{3}{4}$	$3\frac{1}{4}$	$1\frac{3}{4}$	$1\frac{3}{4}$
$1\frac{3}{4}$	3	$2\frac{1}{2}$	$3\frac{1}{4}$	$2\frac{1}{2}$
2	$2\frac{1}{4}$	3	$2\frac{1}{4}$	3
$2\frac{1}{2}$	$3\frac{1}{4}$	$1\frac{3}{4}$	$2\frac{3}{4}$	2

a. Usa los datos para completar el diagrama de puntos a continuación.

Título: _____

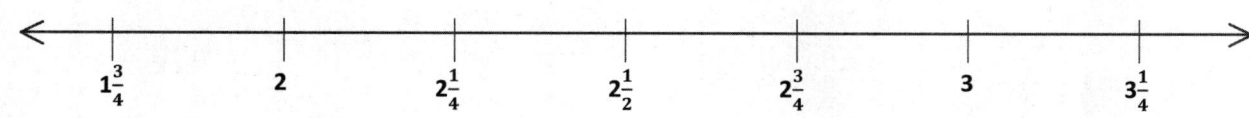

Etiqueta: _____   X =

b. ¿Cuántas plantas de frijol miden al menos $2\frac{1}{4}$ de pulgadas de alto?

c. ¿Cuántas plantas de frijol miden más de $2\frac{3}{4}$ de pulgadas?

d. ¿Cuál es la medida más frecuente? ¿Cuántas plantas de frijol se graficaron para esta medición?

e. George dice que la mayoría de las plantas de frijol miden al menos 3 pulgadas de alto. ¿Está en lo correcto? Justifica tu respuesta.

f. Savannah no vino el día que el grupo midió la altura de sus plantas de frijol. Cuando regresa, su planta mide $2\frac{2}{4}$ de pulgadas de alto. ¿Puede Savannah graficar la altura de su planta de frijol en el diagrama de puntos de la clase? ¿Por qué sí o por qué no?

Nombre _____ Fecha _____

Los estudiantes de la Srta. Felter construyen con bloques un modelo del barrio de su escuela. Los estudiantes miden la altura de los edificios hasta el $\frac{1}{4}$ de pulgada más cercano y escriben las medidas como se muestra a continuación.

Altura de los edificios (en pulgadas)				
$3\frac{1}{4}$	$3\frac{3}{4}$	$4\frac{1}{4}$	$4\frac{1}{2}$	$3\frac{1}{2}$
4	3	$3\frac{3}{4}$	3	$4\frac{1}{2}$
3	$3\frac{1}{2}$	$3\frac{3}{4}$	$3\frac{1}{2}$	4
$3\frac{1}{2}$	$3\frac{1}{4}$	$3\frac{1}{2}$	4	$3\frac{3}{4}$
3	$4\frac{1}{4}$	4	$3\frac{1}{4}$	4

a. Usa los datos para el diagrama de puntos a continuación.

Título: _____

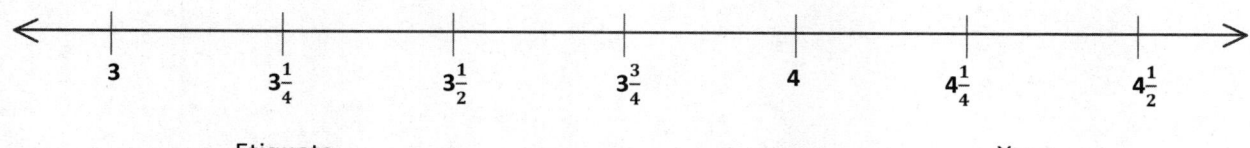

Etiqueta: _____ X =

b. ¿Cuántos edificios miden $4\frac{1}{4}$ de pulgadas de alto?

c. ¿Cuántos edificios miden menos de $3\frac{1}{2}$ pulgadas de alto?

d. ¿Cuántos edificios hay en el modelo del grupo? ¿Cómo lo sabes?

e. Brook dice que la mayoría de los edificios en el modelo miden al menos 4 pulgadas de alto. ¿Está en lo correcto? Explica tu razonamiento.

Longitudes de las pajillas (en pulgadas)				
3	4	$4\frac{1}{2}$	$2\frac{3}{4}$	$3\frac{3}{4}$
$3\frac{3}{4}$	$4\frac{1}{2}$	$3\frac{1}{4}$	4	$4\frac{3}{4}$
$4\frac{1}{4}$	5	3	$3\frac{1}{2}$	$4\frac{1}{2}$
$4\frac{3}{4}$	4	$3\frac{1}{4}$	5	$4\frac{1}{4}$

longitudes de las pajillas

Esta página se dejó en blanco intencionalmente

Nombre _____   Fecha _____

Delilah se detiene bajo un árbol de maple plateado y recoge hojas. En casa, mide el ancho de las hojas hasta el $\frac{1}{4}$ de pulgada más cercano y escribe las medidas a continuación.

Anchos de las hojas del árbol de maple plateado (en pulgadas)				
$5\frac{3}{4}$	6	$6\frac{1}{4}$	6	$5\frac{3}{4}$
$6\frac{1}{2}$	$6\frac{1}{4}$	$5\frac{1}{2}$	$5\frac{3}{4}$	6
$6\frac{1}{4}$	6	6	$6\frac{1}{2}$	$6\frac{1}{4}$
$6\frac{1}{2}$	$5\frac{3}{4}$	$6\frac{1}{4}$	6	$6\frac{3}{4}$
6	$6\frac{1}{4}$	6	$5\frac{3}{4}$	$6\frac{1}{2}$

a. Usa los datos para crear el diagrama de puntos a continuación.

b. Explica los pasos que tomaste para crear el diagrama de puntos.

c. ¿Cuántas hojas más medían 6 pulgadas de ancho que $6\frac{1}{2}$ pulgadas de ancho?

d. Encuentra las tres medidas más frecuentes en el diagrama de puntos. ¿Qué te dice esto acerca del ancho típico de la hoja de maple plateado?

Lección 8:   Representar los datos de medidas con diagramas de puntos.

Nombre _____   Fecha _____

El grupo de la Sra. Leah utiliza lo que aprendieron sobre máquinas simples para construir lanzadores de malvaviscos. Escriben las distancias que sus malvaviscos recorrieron en la tabla a continuación.

Distancia recorrida (en pulgadas)				
$48\frac{3}{4}$	49	$49\frac{1}{4}$	50	$49\frac{3}{4}$
$49\frac{1}{2}$	$48\frac{1}{4}$	$49\frac{1}{2}$	$48\frac{3}{4}$	49
$49\frac{1}{4}$	$49\frac{3}{4}$	48	$49\frac{1}{4}$	$48\frac{1}{4}$
49	$48\frac{3}{4}$	49	49	$48\frac{3}{4}$

a.   Usa los datos para crear el diagrama de puntos a continuación.

Lección 8:   Representar los datos de medidas con diagramas de puntos.

49

EUREKA MATH™

b. Explica los pasos que tomaste para crear el diagrama de puntos.

c. ¿Cuántos malvaviscos más recorrieron $48\frac{3}{4}$ de pulgadas que los que recorrieron $48\frac{1}{4}$ de pulgadas?

d. Encuentra las tres medidas más frecuentes en el diagrama de puntos. ¿Qué te dice esto de la distancia que recorrió la mayoría de los malvaviscos?

La Sra. Schaut mide la altura de los girasoles de su jardín. Las medidas se muestran en la tabla a continuación.

Altura de los girasoles (en pulgadas)				
61	63	62	61	$62\frac{1}{2}$
$61\frac{1}{2}$	$61\frac{1}{2}$	$61\frac{1}{2}$	62	60
64	62	$60\frac{1}{2}$	$63\frac{1}{2}$	61
63	$62\frac{1}{2}$	$62\frac{1}{2}$	64	$62\frac{1}{2}$
$62\frac{1}{2}$	$63\frac{1}{2}$	63	$62\frac{1}{2}$	$63\frac{1}{2}$
62	$62\frac{1}{2}$	62	63	$60\frac{1}{2}$

tabla de la altura de los girasoles

Esta página se dejó en blanco intencionalmente

Nombre _____   Fecha _____

1. Cuatro niños salieron a recolectar manzanas. La tabla muestra el número de manzanas que los niños recolectaron.

Nombre	Total de manzanas recolectadas
Stewart	16
Roxanne	_____
Trisha	12
Philip	20
Total:	72

a. Encuentra el número de manzanas que Roxanne recolectó para completar la tabla.

b. Haz una gráfica de imágenes a continuación con los datos en la tabla.

Manzanas recolectadas

= _____ manzanas

Total de manzanas recolectadas

Niño

2. Usa la tabla o la gráfica para contestar las siguientes preguntas.

    a. ¿Cuántas manzanas más recolectaron Stewart y Roxanne que Philip y Trisha?

    b. Trisha y Stewart combinan sus manzanas para hacer pasteles de manzana. Cada pastel lleva 7 manzanas. ¿Cuántos pasteles pueden hacer?

3. El grupo de ciencia de la Srta. Pacho midió la longitud de las briznas de pasto del campo de la escuela hasta el $\frac{1}{4}$ de pulgada más cercano. Las longitudes se muestran a continuación.

Longitudes de las briznas de pasto (en pulgadas)					
$2\frac{1}{4}$	$2\frac{3}{4}$	$3\frac{1}{4}$	3	$2\frac{1}{2}$	$2\frac{3}{4}$
$2\frac{3}{4}$	$3\frac{3}{4}$	2	$2\frac{3}{4}$	$3\frac{3}{4}$	$3\frac{1}{4}$
3	$2\frac{1}{2}$	$3\frac{1}{4}$	$2\frac{1}{4}$	$2\frac{3}{4}$	3
$3\frac{1}{4}$	$2\frac{1}{4}$	$3\frac{3}{4}$	3	$3\frac{1}{4}$	$2\frac{3}{4}$

a.   Haz un diagrama de puntos de los datos del pasto. Explica tu elección de escala.

b.   ¿Cuántas briznas de pasto se midieron? Explica cómo lo sabes.

c.   ¿Cuál fue la longitud medida con mayor frecuencia en el diagrama de puntos? ¿Cuántas briznas de pasto tuvieron esta longitud?

d.   ¿Cuántas briznas de pasto más midieron $2\frac{3}{4}$ de pulgadas que $3\frac{3}{4}$ de pulgadas y 2 pulgadas combinadas?

Esta página se dejó en blanco intencionalmente

Nombre _____   Fecha _____

1. La siguiente tabla muestra la cantidad de dinero que Danielle ahorra en cuatro meses.

Mes	Dinero ahorrado
Enero	$9
Febrero	$18
Marzo	$36
Abril	$27

Haz una gráfica de imágenes a continuación con los datos en la tabla.

Dinero que ahorra Danielle

= _____ Dólares

Dinero ahorrado

Mes

2. Usa la tabla o gráfica para contestar las siguientes preguntas.

    a. ¿Cuánto dinero ahorra Danielle en cuatro meses?

    b. ¿Cuánto dinero más ahorra Danielle en marzo y abril que en enero y febrero?

    c. Danielle combina sus ahorros de marzo y abril para comprar libros para sus amigos. Cada libro cuesta $9. ¿Cuántos libros puede comprar?

    d. Danielle gana $33 en junio. Compra un collar de $8 y un regalo de cumpleaños para su hermano. Ahorra los $13 que le quedaron. ¿Cuánto cuesta el regalo de cumpleaños?

©2017 Great Minds®. eureka-math.org

EUREKA MATH

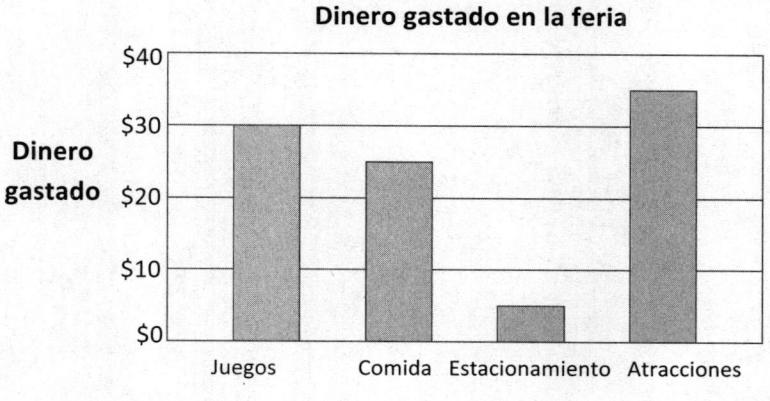

Dinero gastado en la feria

Dinero gastado

Elemento o actividad

Longitud del cangrejo de río del grupo del Sr. Nye

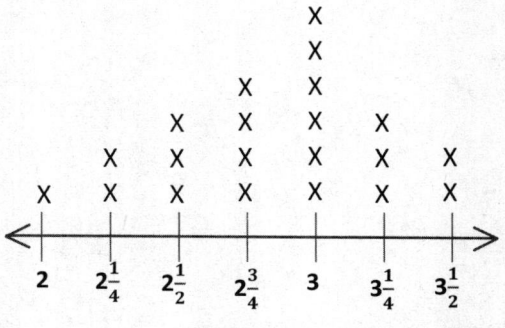

Pulgadas   X = 1 Cangrejo de río

gráfica de barras y diagrama de puntos

Esta página se dejó en blanco intencionalmente

Eureka Math
3.er grado
Módulo 7

Un agradecimiento especial al Gordon A. Cain Center y al Departamento de Matemáticas de la Universidad Estatal de Luisiana por su apoyo en el desarrollo de *Eureka Math.*

Para obtener un paquete
gratis de recursos de Eureka
Math para maestros,
Consejos para padres y más,
por favor visite
www.Eureka.tools

Publicado por la organización sin fines de lucro Great Minds®.

Copyright © 2017 Great Minds®.

Impreso en EE. UU.

Este libro puede comprarse directamente en la editorial en eureka-math.org

10 9 8 7 6 5 4

ISBN: 978-1-68386-211-6

Nombre _____ Fecha _____

La familia de Lena visita el huerto de manzanos Little Tree. Usa el proceso LDE para resolver los problemas acerca de la visita de Lena al huerto. Usa una letra para representar la incógnita en cada problema.

1. El siguiente letrero muestra información sobre los costos del recorrido de recolección.

> **Recorridos de recolección**
>
> **Boleto para adultos $7**
>
> **Boleto para niños $4**
>
> **El recorrido parte cada 15 minutos, comenzando a las 11:00.**

a. La familia de Lena compra 2 boletos para adultos y 2 boletos para niños para el recorrido de recolección. ¿Cuánto le cuesta a la familia de Lena hacer el recorrido?

b. La mamá de Lena paga por los boletos con billetes de $5. Ella recibe $3 de cambio. ¿Cuántos billetes de $5 usó la mamá de Lena para pagar el recorrido?

c. La familia de Lena quiere ir en el cuarto recorrido del día. Ahora son las 11:38. ¿Cuántos minutos deben esperar para el cuarto recorrido?

Lección 1:   Resolver problemas escritos en varios contextos usando una letra para representar la incógnita.

1

©2017 Great Minds®. eureka-math.org

2. Lena recogió 17 manzanas y su hermano recogió 19. La mamá de Lena tiene una receta para una tarta de manzana que requiere 9 manzanas. ¿Cuántas tartas puede cocinar mamá con las manzanas que recolectaron Lena y su hermano?

3. El papá de Lena le da al cajero $30 para pagar 6 litros de sidra de manzana. El cajero le da $6 de cambio. ¿Cuánto cuesta cada litro de sidra de manzana?

4. El huerto de manzanas tiene 152 árboles de manzanas. Hay 88 árboles con manzanas rojas. El resto de los árboles tienen manzanas verdes. ¿Cuántos árboles más hay con manzanas rojas que con manzanas verdes?

Lección 1:   Resolver problemas escritos en varios contextos usando una letra para representar la incógnita.

©2017 Great Minds®. eureka-math.org

EUREKA MATH™

Nombre _____ Fecha _____

La familia de Max toma el tren para visitar el zoológico de la ciudad. Utiliza el proceso de LDE para resolver los problemas acerca del paseo de Max al zoológico. Usa una letra para representar la incógnita en cada problema.

1. El siguiente letrero presenta información acerca de los horarios del tren a la ciudad.

> **Tarifa del tren - Una vuelta**
>
> **Adulto…………………………$8**
>
> **Niño……………………….$6**
>
> **El recorrido parte cada 15 minutos, comenzando a las 6:00 a.m.**

a. La familia de Max compra 2 boletos para adultos y 3 boletos para niños. ¿Cuánto le cuesta a la familia de Max tomar un tren a la ciudad?

b. El padre de Max paga por los boletos con billetes de $10. Él recibe $6 de cambio. ¿Cuántos billetes de $10 usa el papá de Max para pagar por los boletos del tren?

c. La familia de Max quiere tomar el cuarto tren del día. Ahora son las 6:38 a.m. ¿Cuántos minutos tienen que esperar para el cuarto tren?

EUREKA MATH™   Lección 1:   Resolver problemas escritos en varios contextos usando una letra para representar la incógnita.   3

©2017 Great Minds®. eureka-math.org

2. En el zoológico de la ciudad, ven 17 murciélagos jóvenes y 19 murciélagos adultos. Los murciélagos fueron colocados equitativamente en 4 zonas. ¿Cuántos murciélagos hay en cada zona?

3. El papá de Max le da al cajero $20 para pagar 6 botellas de agua. El cajero le da $8 de cambio. ¿Cuánto cuesta cada botella de agua?

4. El zoológico tiene 112 tipos de reptiles y anfibios en exhibición. Hay 72 tipos de reptiles y el resto son anfibios. ¿Cuántos tipos de reptiles hay más que de anfibios en la exhibición?

Lección 1: Resolver problemas escritos en varios contextos usando una letra para representar la incógnita.

©2017 Great Minds®. eureka-math.org

EUREKA MATH

Nombre _____   Fecha _____

Usa el proceso LDE para resolver los problemas. Usa una letra para representar la incógnita en cada problema.

1. Ileana necesita 120 losas para un proyecto de arte. Ella tiene 56 losas. Si las losas se venden en cajas de 8, ¿cuántas cajas de losas más necesita comprar Ileana?

2. Gwen vierte 236 mililitros de agua en el matraz de Ravi. Enrique vierte 189 mililitros de agua en el matraz de Ravi. El matraz de Ravi contiene ahora 800 mililitros de agua. ¿Cuánta agua había en el matraz de Ravi al principio?

3. Magda colgó 3 fotografías en su pared. Cada fotografía mide 8 pulgadas por 10 pulgadas. ¿Cuál es el área total de la pared cubierta por las fotografías?

Lección 2:   Resolver problemas escritos en varios contextos usando una letra para representar la incógnita.

©2017 Great Minds®. eureka-math.org

5

4. Kami anotó un total de 21 puntos durante su juego de baloncesto. Ella hizo 6 tiros de dos puntos y el resto fueron tiros de tres puntos. ¿Cuántos tiros de tres puntos hizo Kami?

5. Una naranja pesa 198 gramos. Un kiwi pesa 85 gramos menos que la naranja. ¿Cuál es el peso total de la fruta?

6. La cantidad total de lluvia que cayó en la ciudad de Nueva York en dos años fue 282 centímetros. Durante el primer año cayeron 185 centímetros de lluvia. ¿Cuántos centímetros más de lluvia cayeron en el primero año que en el segundo año?

Lección 2:   Resolver problemas escritos en varios contextos usando una letra para representar la incógnita.

©2017 Great Minds®. eureka-math.org

Nombre _____ Fecha _____

Usa el proceso LDE para resolver los problemas. Usa una letra para representar la incógnita en cada problema.

1. Una caja que contiene 3 bolsas pequeñas de harina pesa 950 gramos. Cada bolsa de harina pesa 300 gramos. ¿Cuánto pesa la caja vacía?

2. El Sr. Cullen necesita 91 cuadrados de alfombra. Él tiene 49 cuadrados de alfombra. Si los cuadrados se venden en cajas de 6 ¿Cuántas cajas más de cuadrados de alfombra necesita comprar el Sr. Cullen?

3. Érika hace una pancarta usando 4 hojas de papel. Cada papel mide 9 pulgadas por 10 pulgadas. ¿Cuál es el área total de la pancarta de Érika?

Lección 2:   Resolver problemas escritos en varios contextos usando una letra para representar la incógnita.

©2017 Great Minds®. eureka-math.org

7

4. Mónica obtuvo 32 puntos para su equipo en el Campeonato de ciencias. Ella obtuvo 5 preguntas de cuatro puntos correctas y el resto de sus puntos fueron por responder preguntas de tres puntos. ¿Cuántas preguntas de tres puntos respondió correctamente?

5. El gatito negro de Kim pesa 175 gramos. Su gatito gris pesa 43 gramos menos que el gatito negro. ¿Cuál es el peso total de los dos gatitos?

6. La altura combinada de Cassias y de Javier es de 267 centímetros. Cassias mide 128 centímetros. ¿Cuánto más alto es Javier que Cassias?

Lección 2:   Resolver problemas escritos en varios contextos usando una letra para representar la incógnita.

©2017 Great Minds®. eureka-math.org

Nombre _____   Fecha _____

Usa el proceso LDE para resolver los siguientes problemas. Usa una letra para representar la incógnita en cada problema. Cuando termines, comparte tus soluciones con un compañero. Comenta y compara tus estrategias con las estrategias de tu compañero.

1. Mónica mide 91 mililitros de agua en 9 matraces pequeños. Ella mide una cantidad de agua igual en los primeros 8 matraces. Ella vierte el agua sobrante en el noveno matraz pequeño. Este mide 19 mililitros. ¿Cuántos mililitros de agua hay en cada uno de los primeros 8 matraces?

2. Mateo y su papá levantaron 8 tramos de seis pies de largo de la cerca el lunes y 9 tramos de seis pies de largo el martes. ¿Cuál es la longitud total de la cerca?

3. El peso total de los lápices nuevos de Laura es de 112 gramos. Un lápiz rueda fuera de la báscula. Ahora, en la báscula se lee 105 gramos. ¿Cuál es el peso total de 7 lápices nuevos?

Lección 3:   Compartir y analizar las estrategias que utilizaron los compañeros para resolver varios problemas escritos.

©2017 Great Minds®. eureka-math.org

9

4. La clase de matemáticas de la Sra. Ford comienza a las 8:15. Realizan 3 actividades de fluidez que duran 4 minutos cada una. Justo cuando terminan todas las actividades de fluidez, suena la alarma de incendio. Cuando regresan al salón después del simulacro, son las 8:46. ¿Cuántos minutos duró el simulacro de incendio?

5. El sábado, el pastelero compró un total de 150 libras de harina en bolsas de cinco libras. Para el martes, le quedaban 115 libras de harina. ¿Cuántas bolsas de cinco libras de harina usó el pastelero?

6. Pedro corta una cuerda de 84 centímetros en 2 partes y le da 1 parte a su hermana. La parte de Pedro es de 56 centímetros de largo. Su hermana corta la cuerda que tiene en 4 trozos iguales. ¿Qué longitud tiene 1 de los trozos de la cuerda de su hermana?

Lección 3:   Compartir y analizar las estrategias que utilizaron los compañeros para resolver varios problemas escritos.

Nombre _____   Fecha _____

Usa el proceso LDE para resolver los siguientes problemas. Usa una letra para representar la incógnita en cada problema.

1. Jerry vierte 86 mililitros de agua en 8 matraces pequeños. Mide una cantidad de agua igual en los primeros 7 matraces. Vierte el agua sobrante en el octavo matraz pequeño. Este mide 16 mililitros. ¿Cuántos mililitros de agua hay en cada uno de los primeros 7 matraces?

2. Los alumnos de tercer grado del Sr. Chávez van a la clase de gimnasia a las 11:15. Los estudiantes rotan entre tres actividades durante 8 minutos cada una. El almuerzo empieza a las 12:00. ¿Cuántos minutos hay entre el final de las actividades del gimnasio y el comienzo del almuerzo?

3. Una caja contiene 100 bolígrafos. En cada caja hay 38 bolígrafos negros y 42 bolígrafos azules. Los demás bolígrafos son verdes. El Sr. Cane compra 6 cajas de bolígrafos. ¿Cuántos bolígrafos verdes tiene en total?

Lección 3:   Compartir y analizar las estrategias que utilizaron los compañeros para resolver varios problemas escritos.

11

©2017 Great Minds®. eureka-math.org

4. Greg tiene $56. Tom tiene $17 más que Greg. Jason tiene $8 menos que Tom.

    a.   ¿Cuánto dinero tiene Jason?

    b.   ¿Cuánto dinero tienen los 3 niños en total?

5. Laura corta un listón de 64 pulgadas en dos partes y le da una parte a su mamá. La parte de Laura es de 28 pulgadas de largo. Su mamá corta el listón que tiene en 6 trozos iguales. ¿Qué longitud tiene uno de los trozos de listón de su mamá?

12   Lección 3:   Compartir y analizar las estrategias que utilizaron los compañeros para
                                   resolver varios problemas escritos.

                         ©2017 Great Minds®. eureka-math.org

EUREKA
MATH™

Estudiante A

Total de lápices

| 9 | 9 | 9 | 9 | 9 | 9 |

$6 \times 9 = 54$

Lápices que ella regaló

24×2

$(6 \times 4) \times 2$

$6 \times (4 \times 2)$

$6 \times 8 = 48$

$$\begin{array}{r} {}^{4}\!\!\not5 {}^{14}\!\!\not4 \\ -\ 48 \\ \hline 6 \end{array}$$

A la Sra. Mashbum
le quedan 6 lápices.

Estudiante B

Total de lápices

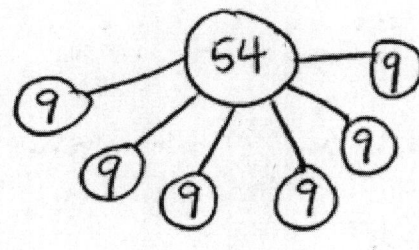

$6 \times 9 = 54$

Lápices que ella regaló

$g = 24 \times 2$

$g = 48$

$$\begin{array}{r} {}^{4}\!\!\not5 {}^{14}\!\!\not4 \\ -\ 48 \\ \hline 6 \end{array}$$

$$\begin{array}{r} 24 \\ +\ 24 \\ \hline 48 \end{array}$$

A la Sra. Mashbum
le quedan 6 lápices.

Muestras de trabajo de los estudiantes

   **Lección 3:**   Compartir y analizar las estrategias que utilizaron los compañeros para   13
resolver varios problemas escritos.

©2017 Great Minds®. eureka-math.org

Esta página se dejó en blanco intencionalmente

Estudiante C

$$\begin{array}{r} {}^{4}\cancel{5}{}^{14}\cancel{4} \\ -48 \\ \hline 06 \end{array}$$

A la Sra.
Mashbum le
quedan 6 lápices.

Muestras de trabajo de los estudiantes

Lección 3:   Compartir y analizar las estrategias que utilizaron los compañeros para
resolver varios problemas escritos.

©2017 Great Minds®. eureka-math.org

15

Esta página se dejó en blanco intencionalmente

Nombre _____ Fecha _____

1. Corta todos los polígonos (A–L) de la plantilla. Después, usa los polígonos para completar la siguiente tabla.

Atributos	Escribe las letras de los polígonos en este grupo.	Dibuja 1 polígono del grupo.
Ejemplo: **3 lados**	Polígonos: Y, Z	
4 lados	Polígonos:	
Al menos 1 conjunto de lados paralelos	Polígonos:	
2 conjuntos de lados paralelos	Polígonos:	
4 ángulos rectos	Polígonos:	
4 ángulos rectos y 4 lados iguales	Polígonos:	

2. Escribe las letras de los polígonos que son cuadriláteros. Explica cómo sabes que estos polígonos son cuadriláteros.

3. Dibuja a continuación un polígono del grupo que tenga 2 conjuntos de lados paralelos. Traza 1 par de lados paralelos en rojo. Traza el otro par de lados paralelos en azul. ¿Qué diferencia hay entre los lados paralelos y los lados que no son paralelos?

4. Dibuja una diagonal desde una esquina hasta la esquina opuesta de cada polígono que dibujaste en la tabla usando una regla de borde recto. ¿Qué nuevos polígonos hiciste al dibujar las diagonales?

Nombre _____   Fecha _____

1. Completa la tabla respondiendo verdadero o falso.

Atributos	Polígono	Verdadero o Falso
Ejemplo: **3 lados**		Verdadero
4 lados		
2 conjuntos de lados paralelos		
4 ángulos rectos		
Cuadrilátero		

2. a. Cada cuadrilátero a continuación tiene al menos 1 conjunto de lados paralelos. Traza cada conjunto de lados paralelos con un lápiz de color.

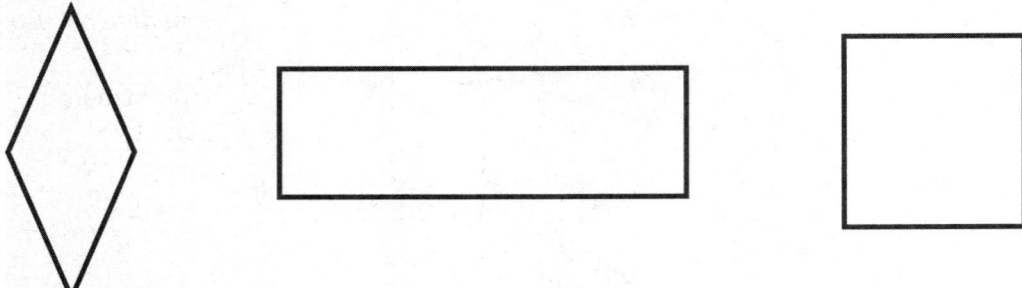

  b. Usando una regla de borde recto, dibuja un cuadrilátero diferente con al menos 1 conjunto de lados paralelos.

Nombre _____   Fecha _____

1. Recorta todos los polígonos (M–X) en la plantilla. Después, usa los polígonos para completar la siguiente tabla.

Atributos	Menciona las letras de los polígonos para cada grupo.	Dibuja 1 polígono del grupo.
Ejemplo: **3 lados**	Polígonos: Y, Z	
Todos los lados son iguales	Polígonos:	
Todos los lados son diferentes	Polígonos:	
Al menos 1 ángulo recto	Polígonos:	
Al menos 1 conjunto de lados paralelos	Polígonos:	

2. Compara el polígono M y el polígono X. ¿En qué se parecen? ¿En qué son diferentes?

3. Jenny dice, "¡El polígono N, el polígono R y el polígono S son todos cuadriláteros regulares!". ¿Está en lo correcto? ¿Por qué sí o por qué no?

4. "Tengo seis lados iguales y seis ángulos iguales. Tengo tres conjuntos de rectas paralelas. No tengo ángulos rectos".

   a. Escribe la letra y el nombre del polígono descrito arriba.

   b. Calcula para dibujar el mismo tipo de polígono que en la parte (a), pero sin lados iguales.

EUREKA MATH™

Nombre _____ Fecha _____

1. Relaciona los polígonos con las nubes apropiadas. Un polígono no se puede relacionar con más de 1 nube.

Todos los lados son iguales.

Todos los lados son diferentes.

Al menos 1 ángulo recto.

Al menos 1 conjunto de lados paralelos.

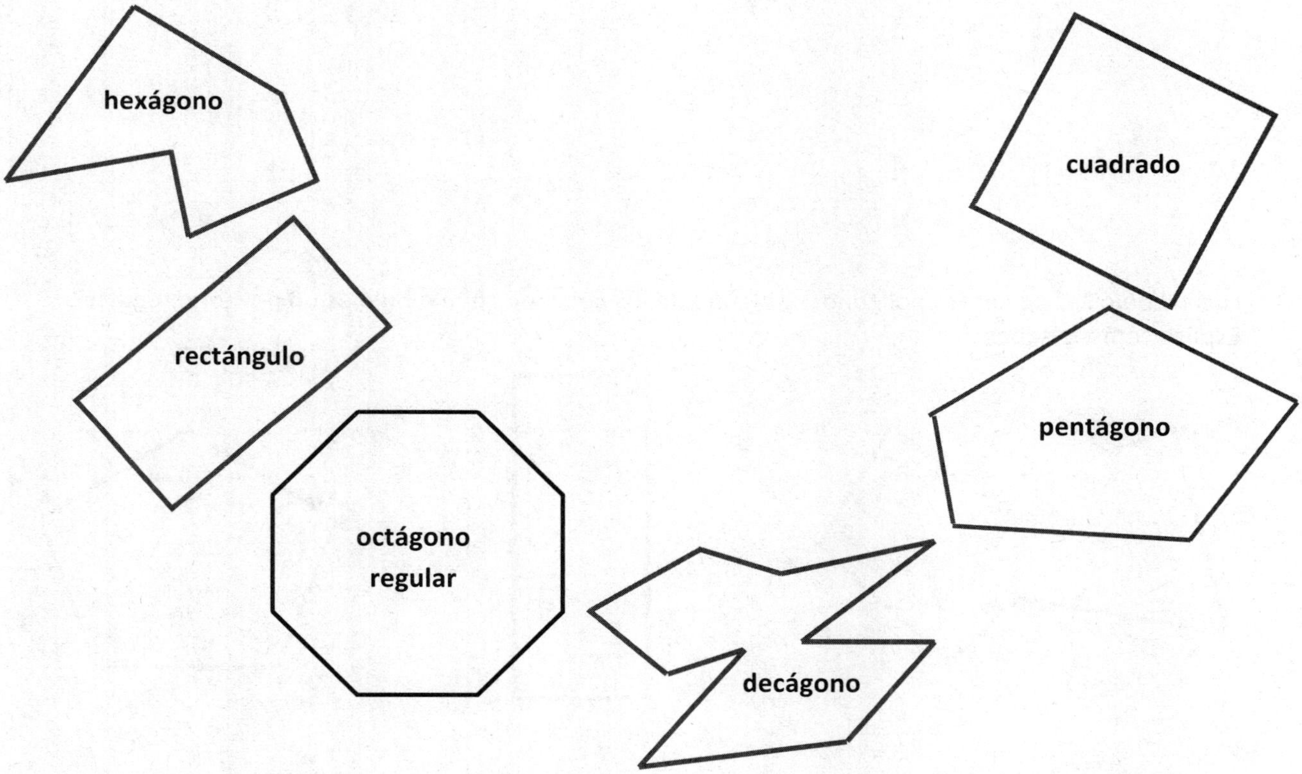

hexágono

cuadrado

rectángulo

octágono regular

pentágono

decágono

2. Los dos polígonos de abajo son polígonos regulares. ¿En qué son estos polígonos iguales? ¿En qué son diferentes?

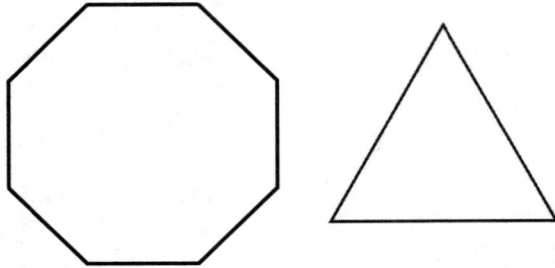

3. Lucía dibujó los siguientes polígonos. ¿Alguno de los polígonos que dibujó es un polígono regular? Explica cómo lo sabes.

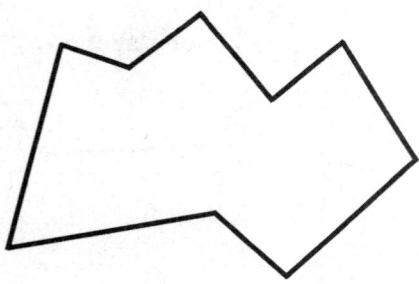  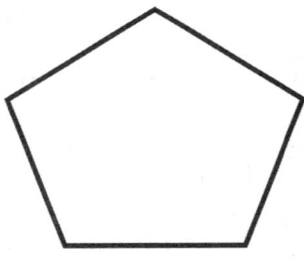

EUREKA MATH™

Nombre _____   Fecha _____

Usa una regla y una escuadra para dibujar las figuras con los atributos que se proporcionan a continuación.

1. Dibuja un triángulo con 1 ángulo recto.

2. Dibuja un cuadrilátero con 4 ángulos rectos y lados que tengan 2 pulgadas de largo.

3. Dibuja un cuadrilátero con al menos 1 conjunto de lados paralelos. Traza los lados paralelos en verde.

4. Dibuja un pentágono con al menos 2 lados iguales. Identifica las 2 longitudes laterales iguales de tu figura.

5. Dibuja un hexágono con al menos 2 lados iguales. Marca las 2 longitudes laterales iguales de tu figura.

6. Sam dice que dibujó un polígono con 2 lados y 2 ángulos. ¿Puede estar Sam en lo correcto? Usa imágenes para poder explicar tu respuesta.

Lección 6:   Dibujar polígonos con atributos específicos para resolver problemas.

Nombre _____ Fecha _____

Usa una regla y una escuadra para ayudarte a dibujar las figuras con los atributos que se dan a continuación.

1. Dibuja un triángulo que no tenga ángulos rectos.

2. Dibuja un cuadrilátero que tenga al menos 2 ángulos rectos.

3. Dibuja un cuadrilátero con 2 lados iguales. Identifica las 2 longitudes laterales iguales de tu figura.

Lección 6: Dibujar polígonos con atributos específicos para resolver problemas.

©2017 Great Minds®. eureka-math.org

27

4. Dibuja un hexágono con al menos 2 lados iguales. Identifica las 2 longitudes laterales iguales de tu figura.

5. Dibuja un pentágono con al menos 2 lados iguales. Identifica las 2 longitudes laterales iguales de tu figura.

6. Cristina describe su figura. Ella dice que tiene 3 lados iguales que miden 4 centímetros de largo cada uno. No tiene ángulos rectos. Haz tu mejor esfuerzo para dibujar la figura de Cristina e identifica las longitudes laterales.

28   Lección 6:   Dibujar polígonos con atributos específicos para resolver problemas.

EUREKA
MATH™

Nombre _____   Fecha _____

1. Usa tetrominós para crear al menos dos rectángulos diferentes. Después, colorea la siguiente cuadrícula para mostrar cómo has creado tus rectángulos. Puedes usar el mismo tetrominó más de una vez.

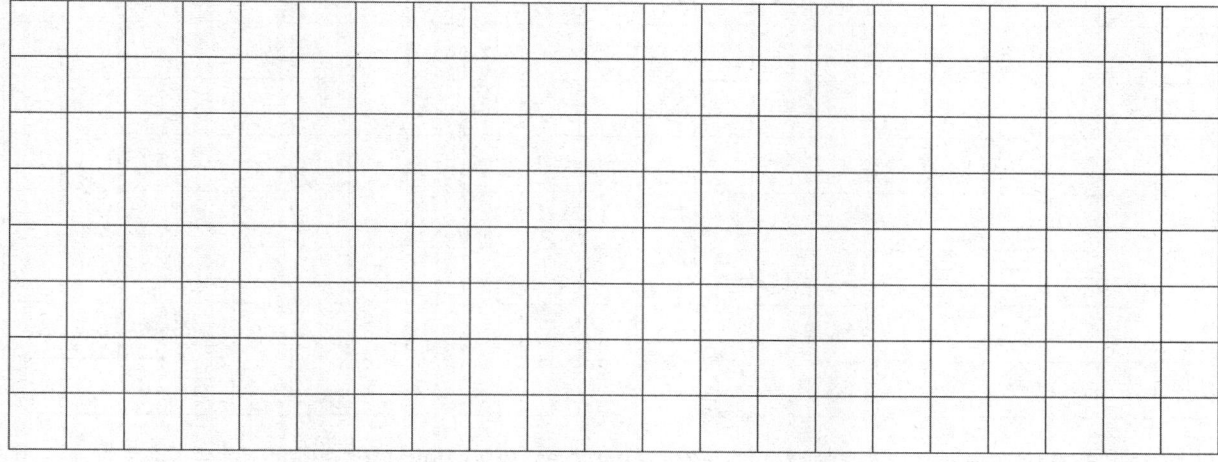

2. Utiliza tetrominós para crear al menos dos cuadrados, cada uno con un área de 36 unidades cuadradas. Después, colorea la siguiente cuadrícula para mostrar cómo has creado tus cuadrados. Puedes usar el mismo tetrominó más de una vez.

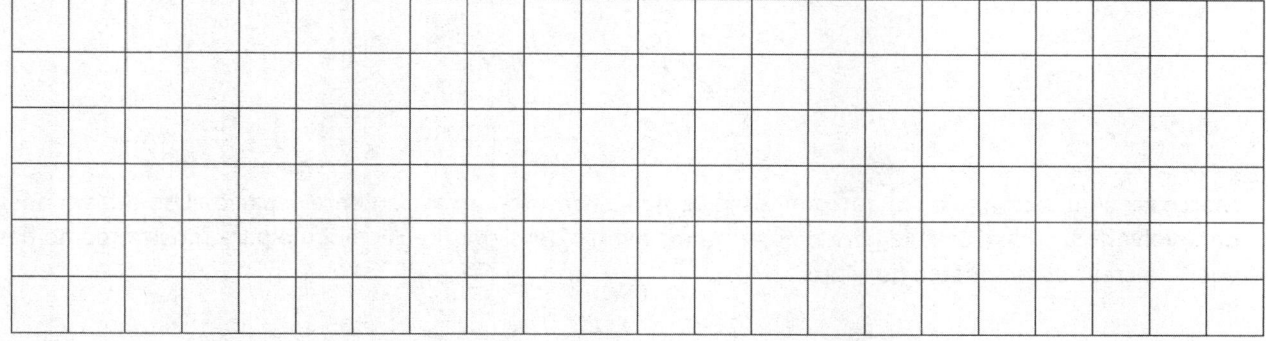

    a. Escribe una ecuación para mostrar el área de uno de los cuadrados de arriba como la suma de las áreas de los tetrominós que usaste para formar el cuadrado.

    b. Escribe una ecuación para mostrar el área de uno de los cuadrados anteriores como el producto de las longitudes de sus lados.

Lección 7:   Razonar sobre la composición y descomposición de polígonos usando tetrominós.

3. a. Usa tetrominós para crear al menos dos rectángulos diferentes, cada uno con un área de 12 unidades cuadradas. Después, colorea la siguiente cuadrícula para mostrar cómo has creado los rectángulos. Puedes usar el mismo tetrominó más de una vez.

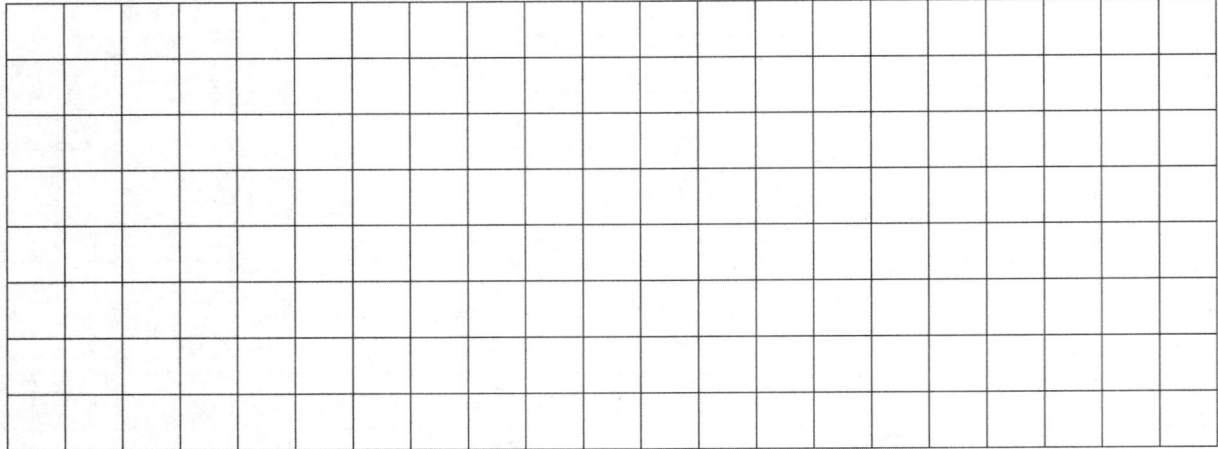

    b. Explica cómo sabes que el área de cada rectángulo es de 12 unidades cuadradas.

4. Marco creó un rectángulo con tetrominós y dibujó su contorno en el siguiente espacio. Usa tetrominós para volverlo a crear. Calcula para dibujar rectas dentro del siguiente rectángulo para mostrar cómo has vuelto a crear el rectángulo de Marco.

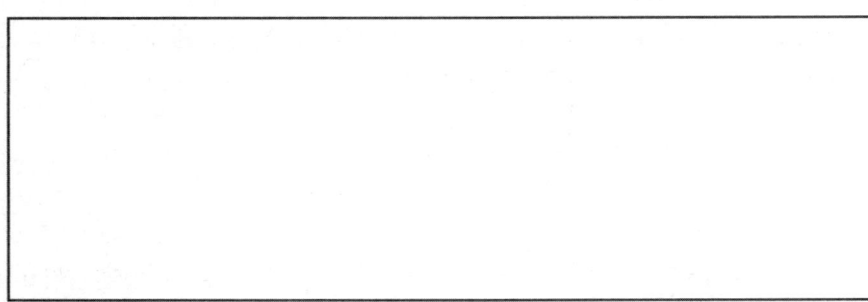

Lección 7:   Razonar sobre la composición y descomposición de polígonos usando tetrominós.

©2017 Great Minds®. eureka-math.org

EUREKA
MATH

Nombre _____   Fecha _____

1. Colorea los tetrominós en la cuadrícula para crear tres rectángulos diferentes. Puedes usar el mismo tetrominó más de una vez.

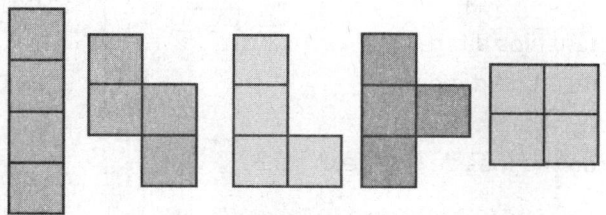

Tetrominós

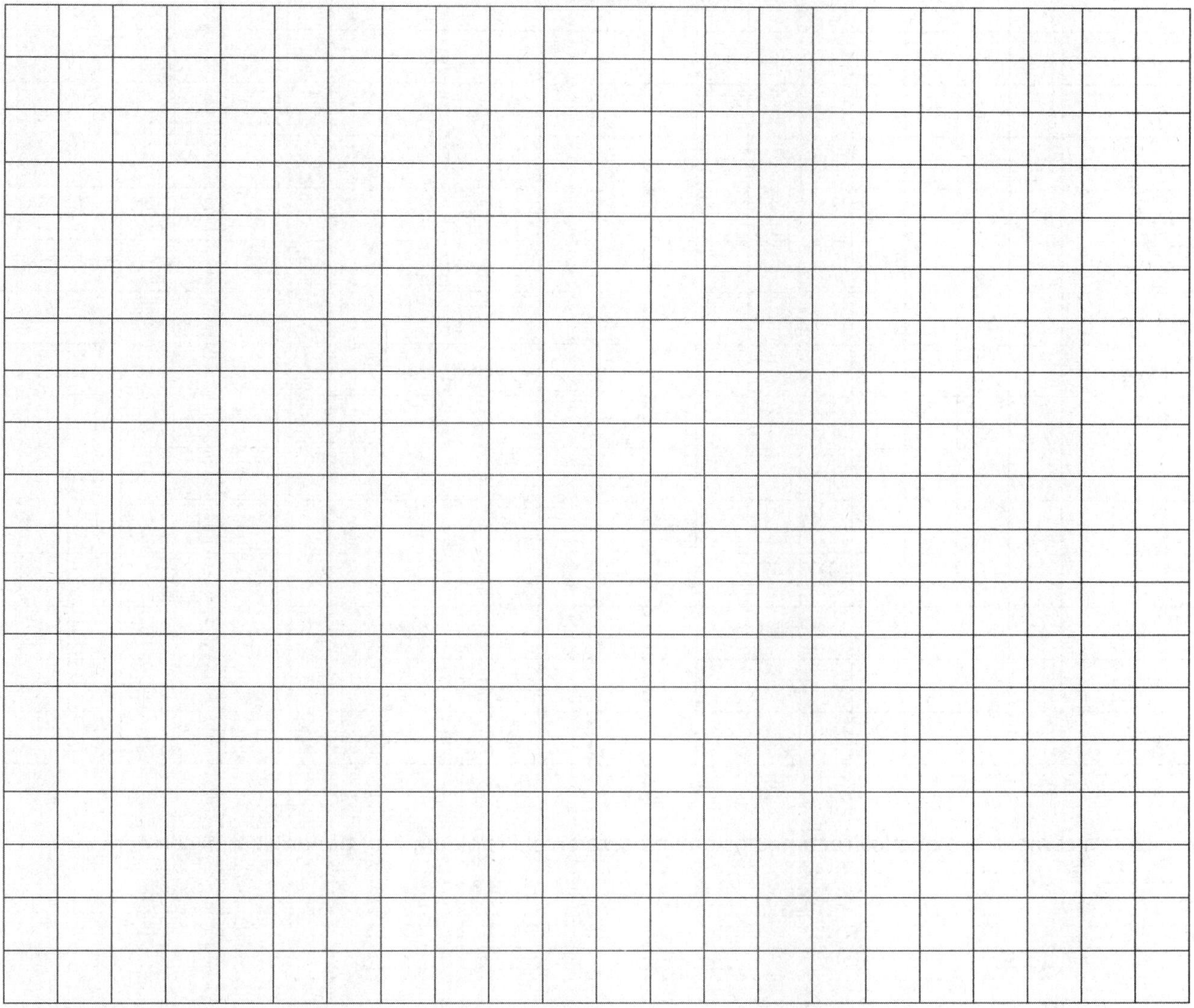

Lección 7:   Razonar sobre la composición y descomposición de polígonos usando tetrominós.

31

©2017 Great Minds®. eureka-math.org

2. Colorea los tetrominós en la siguiente cuadrícula:

   a. Crea un cuadrado con un área de 16 unidades cuadradas.

   b. Crea al menos dos rectángulos diferentes, cada uno con un área de 24 unidades cuadradas.

   Puedes usar el mismo tetrominó más de una vez.

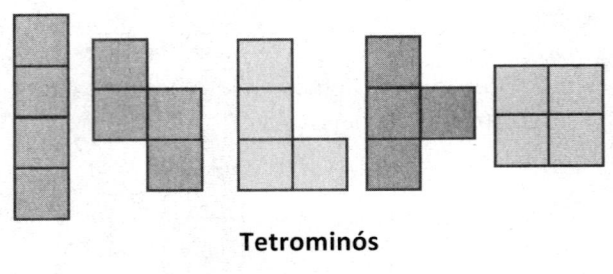

Tetrominós

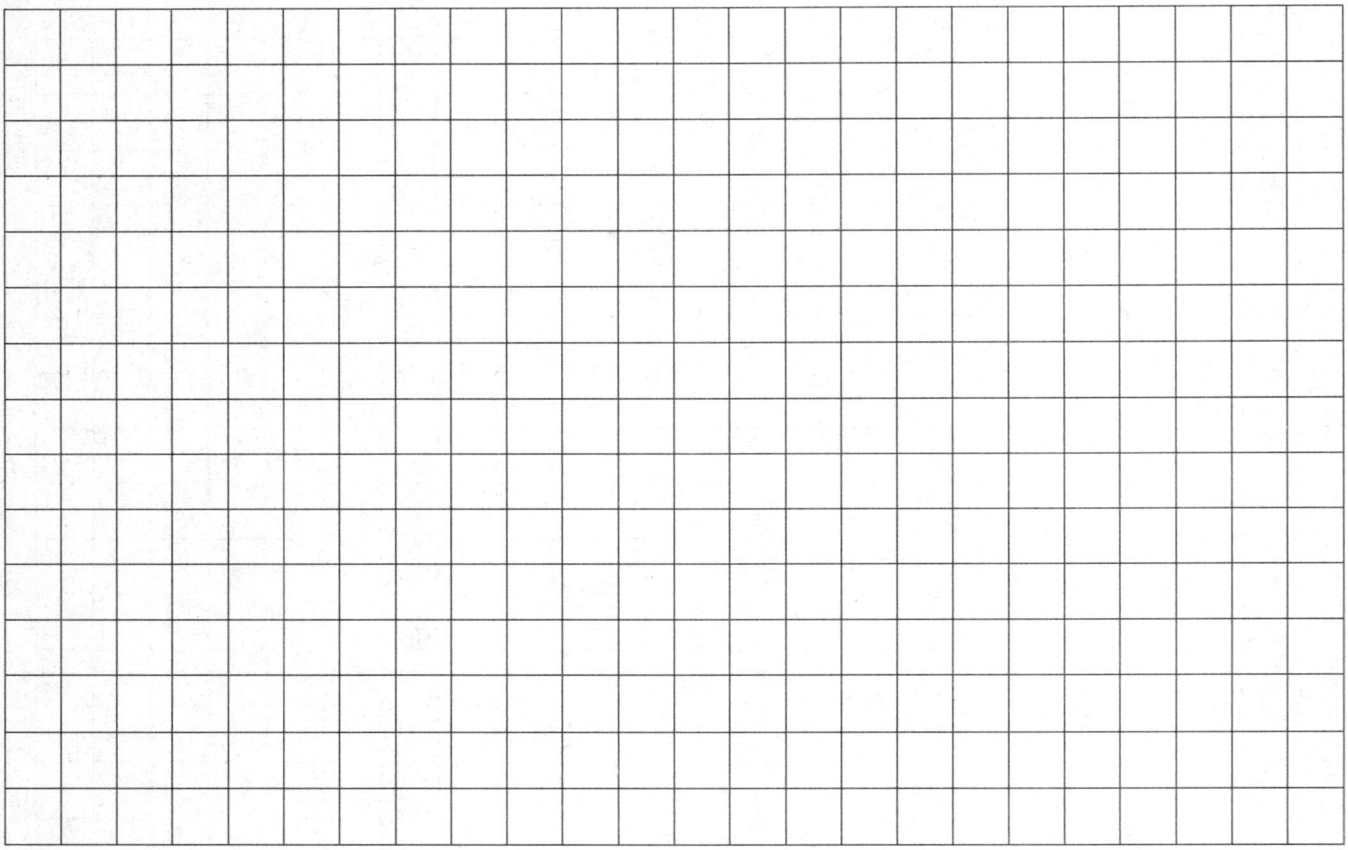

3. Explica cómo sabes que los rectángulos que creaste en el Problema 2(b) tienen el área correcta.

32

Lección 7: Razonar sobre la composición y descomposición de polígonos usando tetrominós.

EUREKA MATH™

Nombre _____   Fecha _____

1. Dobla y corta el cuadrado en la diagonal. Dibuja e identifica tus 2 nuevas figuras a continuación.

2. Dobla y corta uno de los triángulos a la mitad. Dibuja e identifica tus 2 nuevas figuras a continuación.

3. Dobla dos veces y corta tu triángulo grande. Dibuja e identifica tus 2 nuevas figuras a continuación.

4. Dobla y corta tu trapecio a la mitad. Dibuja e identifica tus 2 nuevas figuras a continuación.

5. Dobla y corta uno de tus trapecios. Dibuja e identifica tus 2 nuevas figuras a continuación.

6. Dobla y corta tu segundo trapecio. Dibuja e identifica tus 2 nuevas figuras a continuación.

7. Reconstruye el cuadrado original usando las siete figuras.

   a. Dibuja rectas dentro del siguiente cuadrado para mostrar cómo se unen las figuras para formar el cuadrado. El primer ejercicio ya está resuelto.

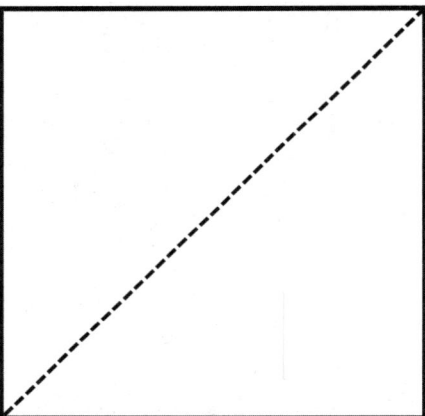

   b. Describe el proceso de formación de un cuadrado. ¿Qué fue fácil y qué fue difícil?

Lección 8:   Crear un rompecabezas de tangram y observar las relaciones entre las figuras.

EUREKA MATH™

Nombre _____ Fecha _____

1. Dibuja una recta para dividir el siguiente cuadrado en 2 triángulos iguales.

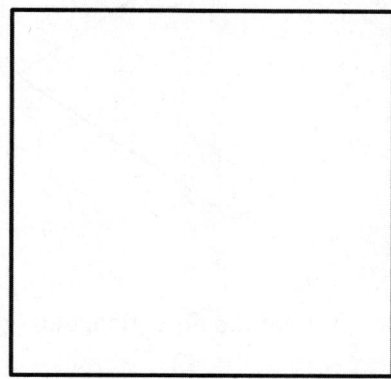

2. Dibuja una recta para dividir el siguiente triángulo en 2 triángulos iguales más pequeños.

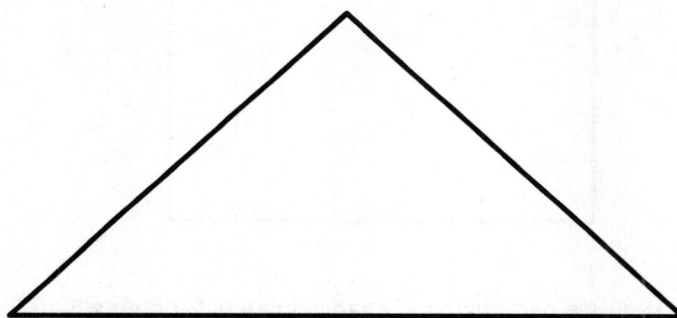

3. Dibuja una recta para dividir el siguiente trapecio en 2 trapecios iguales.

4. Dibuja 2 rectas para dividir el siguiente cuadrilátero en 4 triángulos iguales.

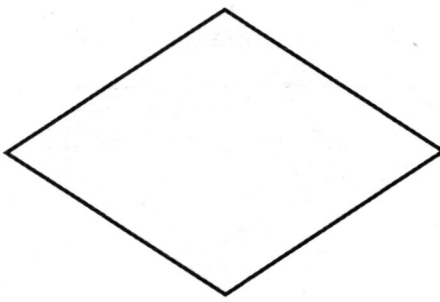

5. Dibuja 4 rectas para dividir el siguiente cuadrado en 8 triángulos iguales.

6. Describe los pasos que seguiste para dividir el cuadrado en el Problema 5 en 8 triángulos iguales.

Lección 8:   Crear un rompecabezas de tangram y observar las relaciones entre las figuras.

EUREKA
MATH

Nombre _____   Fecha _____

1. Usa al menos dos piezas de tangram para hacer y dibujar dos de cada una de las siguientes figuras. Dibuja rectas para mostrar dónde se unen las piezas de tangram.

   a. Un rectángulo que no tiene todos los lados iguales.

   b. Un triángulo.

   c. Un paralelogramo.

   d. Un trapecio.

Lección 9:   Razonar sobre la composición y descomposición de polígonos usando
             piezas de tangram.

©2017 Great Minds®. eureka-math.org

37

2. Usa tus dos triángulos más pequeños para crear un cuadrado, un paralelogramo y un triángulo. Muestra a continuación cómo los creaste.

3. Crea tu propia figura en una hoja de papel separada usando las siete piezas. Describe a continuación sus atributos.

4. Intercambia tu contorno con un compañero para ver si puedes recrear su figura usando tus piezas de tangram. Reflexiona sobre tu experiencia a continuación. ¿Fue fácil? ¿Fue desafiante?

Lección 9:   Razonar sobre la composición y descomposición de polígonos usando piezas de tangram.

Nombre _____   Fecha _____

1. Usa al menos dos piezas de tangram para hacer y dibujar cada una de las siguientes figuras. Dibuja rectas para mostrar dónde se unen las piezas de tangram.

    a. Un triángulo.

    b. Un cuadrado.

    c. Un paralelogramo.

    d. Un trapecio.

Lección 9:   Razonar sobre la composición y descomposición de polígonos usando
              piezas de tangram.

©2017 Great Minds®. eureka-math.org

39

2. Usa las piezas de tu tangram para formar el siguiente gato. Dibuja rectas para mostrar dónde se unen las piezas de tangram.

3. Usa las cinco piezas más pequeñas de tangram para formar un cuadrado. A continuación, dibuja tu cuadrado y dibuja rectas para mostrar dónde se unen las piezas de tangram.

Lección 9: Razonar sobre la composición y descomposición de polígonos usando piezas de tangram.

Nombre _____   Fecha _____

1. Usa un cuadrado de 2 pulgadas para responder a las siguientes preguntas.

   a. Traza un cuadrado en el siguiente espacio con un crayón rojo.

   b. Traza la nueva figura que has hecho con el cuadrado en el siguiente espacio con un crayón rojo.

   c. ¿Qué figura tiene un perímetro mayor? ¿Cómo lo sabes?

   d. Colorea el interior de las figuras en los problemas 1 (a) y (b) con un crayón azul.

Lección 10:   Descomponer cuadriláteros para entender el perímetro como el límite de una figura.

©2017 Great Minds®. eureka-math.org

41

e.   ¿Qué color representa el perímetro de las figuras? ¿Cómo lo sabes?

f.   ¿Qué representa el otro color? ¿Cómo lo sabes?

g.   ¿Qué figura tiene un área mayor? ¿Cómo lo sabes?

2.   a.   Delinea el perímetro de las siguientes figuras con un crayón rojo.

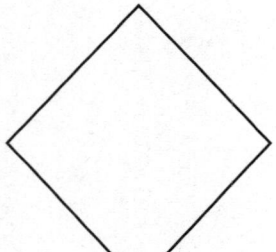   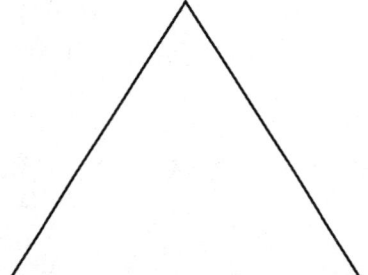   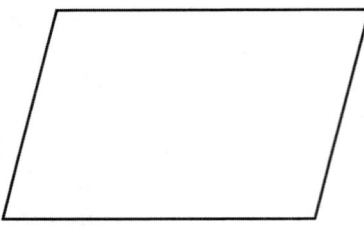

b.   Explica cómo sabes que estás delineando los perímetros de las figuras de arriba.

3.   Delinea el perímetro de esta hoja de papel con un resaltador.

Lección 10:   Descomponer cuadriláteros para entender el perímetro como el límite
                                    de una figura.   EUREKA
                                                                                                        MATH™

Nombre _____   Fecha _____

1. Traza el perímetro de las siguientes figuras.

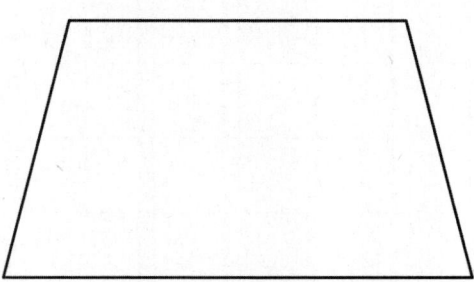
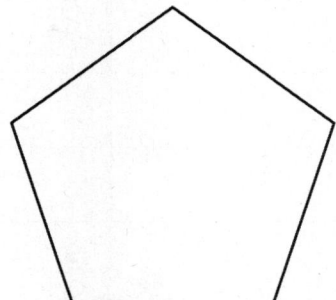

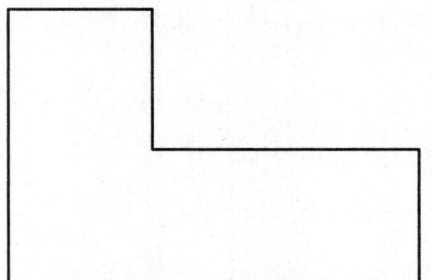
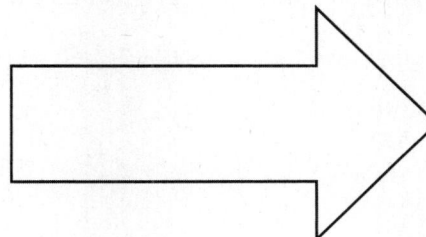

a. Explica cómo sabes que estás trazando los perímetros de las figuras de arriba.

b. Explica cómo podrías utilizar un trozo de cuerda para averiguar qué figura tiene el mayor perímetro.

2. Dibuja un rectángulo en la siguiente cuadrícula.

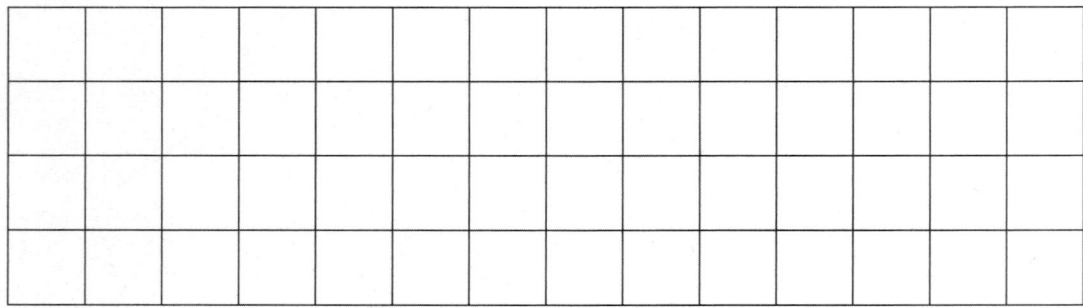

   a. Traza el perímetro del rectángulo.

   b. Sombrea el área del rectángulo.

   c. ¿En qué son diferentes el perímetro de un rectángulo y el área de un rectángulo?

3. Maya dibuja las figuras que se muestran a continuación. Noé colorea el interior de la figura de Maya como se muestra. Noé dice que ha coloreado el perímetro de la figura de Maya. Maya dice que Noé ha coloreado el área de su figura. ¿Quién está en lo correcto? Justifica tu respuesta.

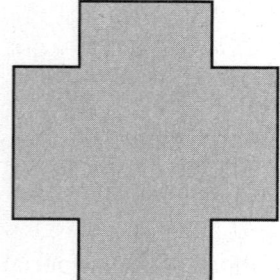

Lección 10: Descomponer cuadriláteros para entender el perímetro como el límite de una figura.

EUREKA MATH™

Nombre _____   Fecha _____

1. Sigue las siguientes instrucciones, utilizando la figura que creaste ayer.

   a. Haz un mosaico de tu figura en una hoja de papel en blanco.

   b. Colorea tu mosaico para crear un patrón.

   c. Delinea el perímetro de tu mosaico con un resaltador.

   d. Utiliza una cuerda para medir el perímetro de tu mosaico.

2. Compara el perímetro de tu mosaico con el de un compañero. ¿Cuál mosaico tiene un perímetro mayor? ¿Cómo lo sabes?

3. ¿Cómo puedes aumentar el perímetro de tu mosaico?

4. ¿De qué manera superponer las formas cuando haces el mosaico cambia el perímetro de tu mosaico?

Lección 11:   Hacer un mosaico para entender el perímetro como el contorno de una figura. (Opcional).

©2017 Great Minds®. eureka-math.org

45

Esta página se dejó en blanco intencionalmente

Nombre _____ Fecha _____

1. Sansón tesela hexágonos regulares para formar la siguiente figura.

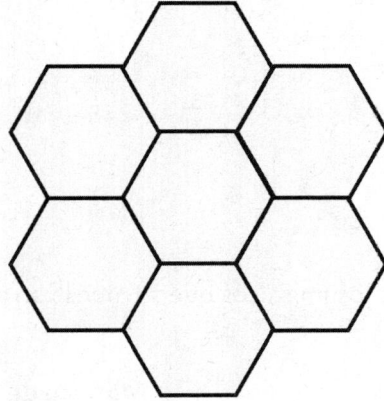

    a. Delinea el perímetro de la figura nueva de Sansón con un resaltador.

    b. Explica cómo Sansón puede usar una cuerda para medir el perímetro de su figura nueva.

    c. ¿Cuántos lados tiene su figura nueva?

    d. Sombrea el área de tu figura nueva con un lápiz de color.

2. Calcula para dibujar al menos cuatro copias del triángulo proporcionado para formar una figura nueva, sin espacios ni superposiciones. Delinea el perímetro de tu figura nueva con un resaltador. Sombrea el área con un lápiz de color.

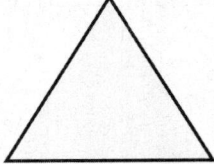

Lección 11:   Hacer un mosaico para entender el perímetro como el contorno de una figura. (Opcional).

©2017 Great Minds®. eureka-math.org

47

3. Las marcas de las cuerdas de abajo muestran los perímetros de las formas de Shyla y de Frank. ¿Qué figura tiene un perímetro mayor? ¿Cómo lo sabes?

Cuerda de Shyla:

Cuerda de Frank:

4. India y Theo usan la misma figura para crear los mosaicos que se muestran a continuación.

Mosaico de India

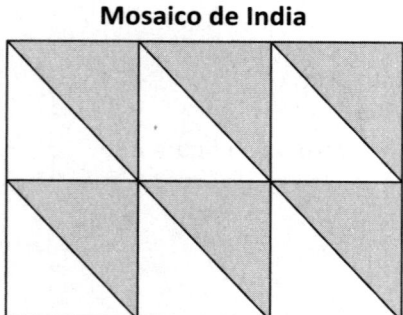

Mosaico de Theo

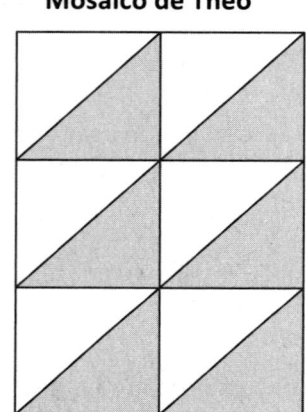

a. Calcula para dibujar la figura que India y Theo usaron para hacer sus mosaicos.

b. Theo dice que los dos mosaicos tienen el mismo perímetro. ¿Crees que Theo está en lo correcto? ¿Por qué sí o por qué no?

Lección 11:   Hacer un mosaico para entender el perímetro como el contorno de una figura. (Opcional).

EUREKA MATH™

Nombre _____   Fecha _____

1. Mide y marca las longitudes laterales de las siguientes figuras en centímetros. Después, encuentra el perímetro de cada figura.

    a.

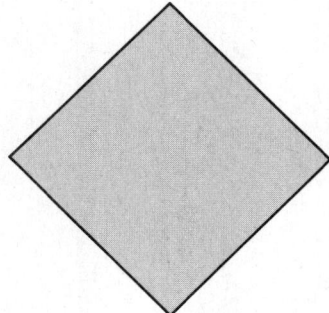

    b.

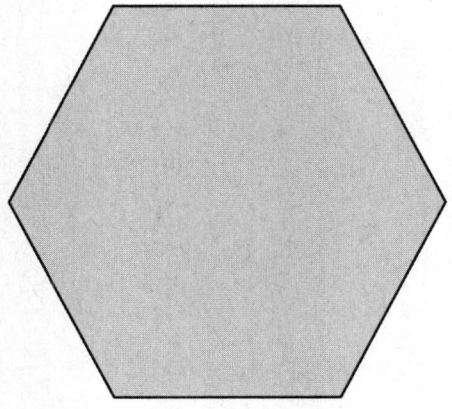

     Perímetro = _____cm +_____cm +_____cm +_____cm

                = _____ cm

     Perímetro = _____

                = _____ cm

    c.

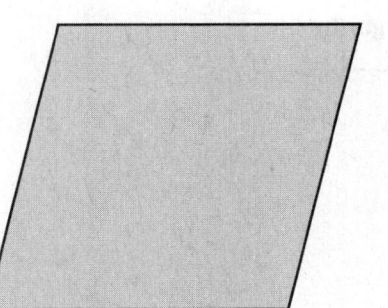

    d.

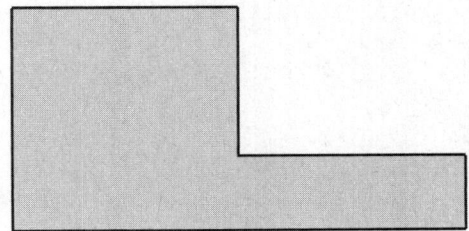

     Perímetro = _____

                = _____ cm

     Perímetro = _____

                = _____ cm

    e.

     Perímetro = _____

                = _____ cm

Lección 12:   Medir las longitudes laterales en unidades de números enteros para determinar el perímetro de los polígonos.   49

©2017 Great Minds®. eureka-math.org

2. Carson dibuja dos triángulos para crear la figura nueva que se muestra a continuación. Usa una regla para encontrar las longitudes laterales de la figura de Carson en centímetros. Después, encuentra el perímetro.

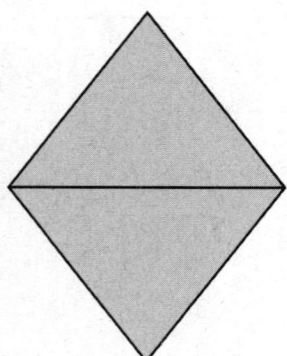

3. Hugo y Margarita dibujan las figuras que se muestran a continuación. Mide e identifica las longitudes laterales en centímetros. ¿Qué figura tiene un perímetro mayor? ¿Cómo lo sabes?

Figura de Hugo

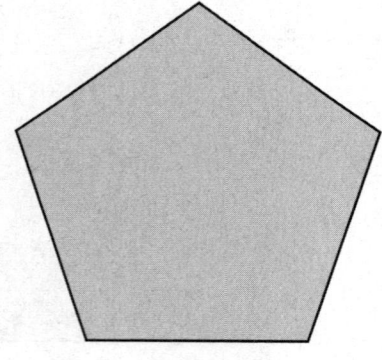

Figura de Margarita

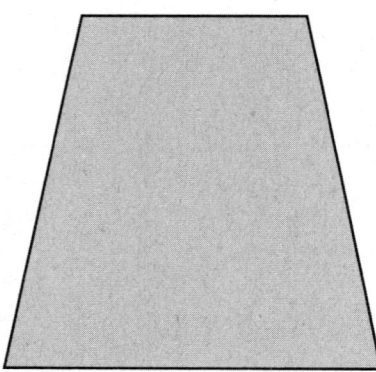

4. Andrea mide una longitud lateral del siguiente cuadrado y dice que puede encontrar el perímetro con esa medida. Explica el razonamiento de Andrea. Después, encuentra el perímetro en centímetros.

EUREKA MATH

Nombre _____   Fecha _____

1. Mide e identifica las longitudes laterales de las siguientes figuras en centímetros. Después, encuentra el perímetro de cada figura.

a.

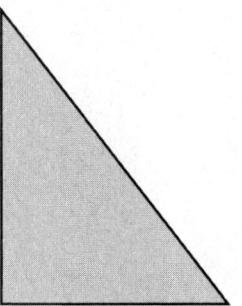

Perímetro = _____cm +_____cm +_____cm

= _____ cm

b.

Perímetro = _____

= _____ cm

c.

Perímetro = _____

= _____ cm

d.

Perímetro = _____

= _____ cm

e.

Perímetro = _____

= _____ cm

Lección 12:   Medir las longitudes laterales en unidades de números enteros para determinar el perímetro de los polígonos.

51

2. Melinda dibuja dos trapecios para crear el hexágono que se muestra a continuación. Usa una regla para encontrar las longitudes laterales del hexágono de Melinda en centímetros. Después, encuentra el perímetro.

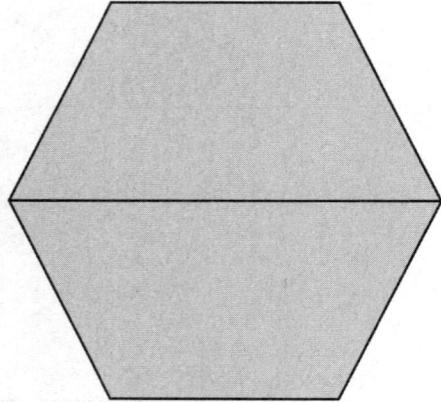

3. Victoria y Eric dibujan las figuras que se muestran a continuación. Eric dice que su figura tiene un perímetro mayor porque tiene más lados que la figura de Victoria. ¿Está Eric en lo correcto? Justifica tu respuesta.

Figura de Victoria   **Figura de Eric**

4. Jamal usa su regla y escuadra para dibujar el rectángulo que se muestra a continuación. Él dice que el perímetro de este rectángulo es de 32 centímetros. ¿Estás de acuerdo con Jamal? ¿Por qué sí o por qué no?

EUREKA MATH™

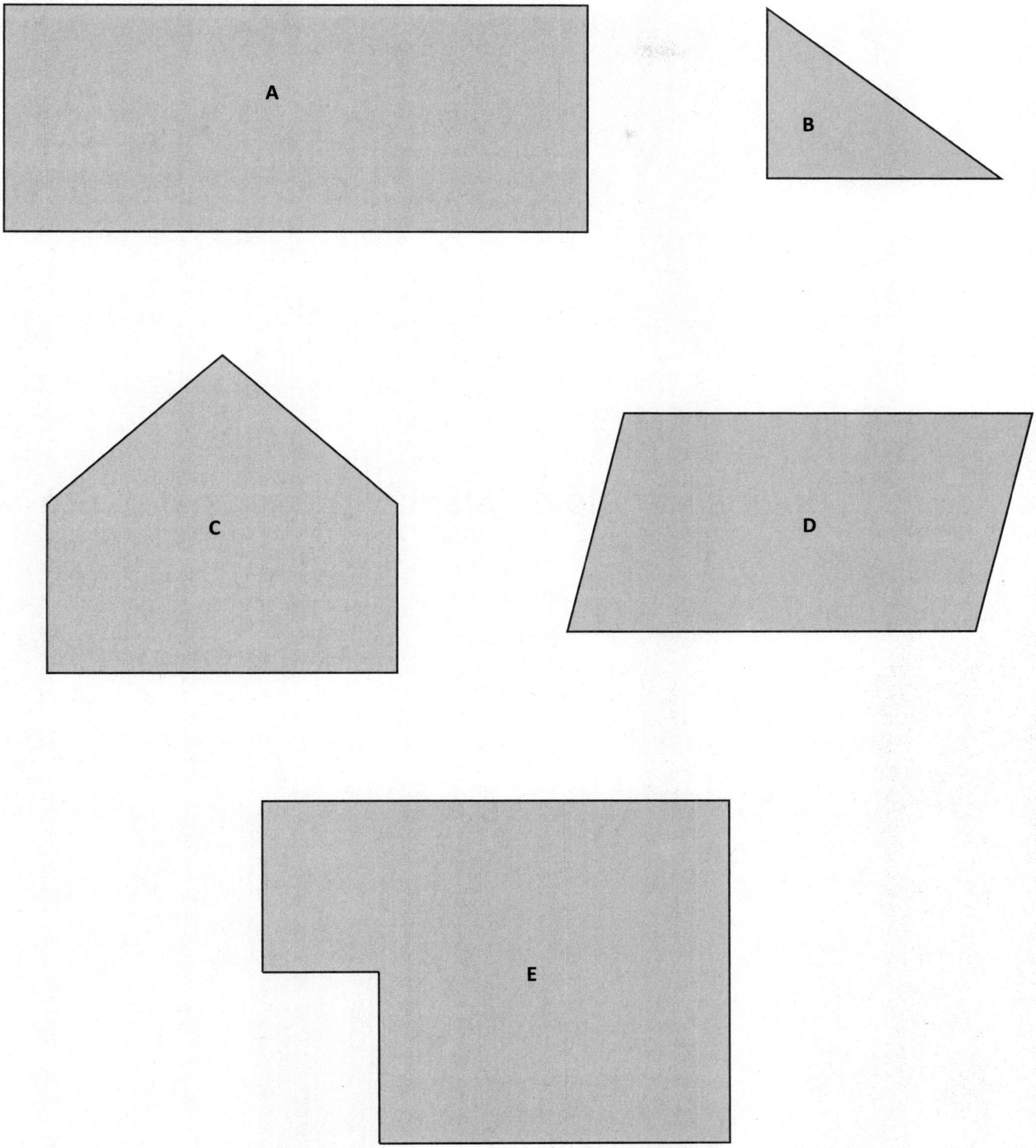

A

B

C

D

E

Figuras

Lección 12:   Medir las longitudes laterales en unidades de números enteros para
determinar el perímetro de los polígonos.

53

©2017 Great Minds®. eureka-math.org

Esta página se dejó en blanco intencionalmente

Nombre _____ Fecha _____

1. Encuentra el perímetro de las siguientes figuras.

a.

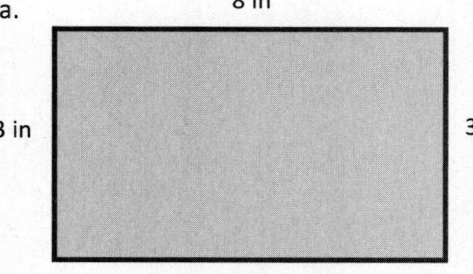

P = 3 in + 8 in + 3 in + 8 in

= _____ in

b.

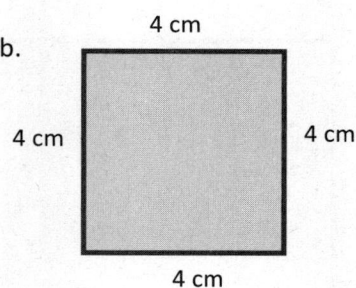

P = _____ cm + _____ cm + _____ cm + _____ cm

= _____ cm

c.

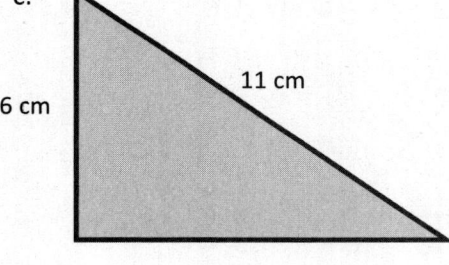

P = _____ cm + _____ cm + _____ cm

= _____ cm

d.

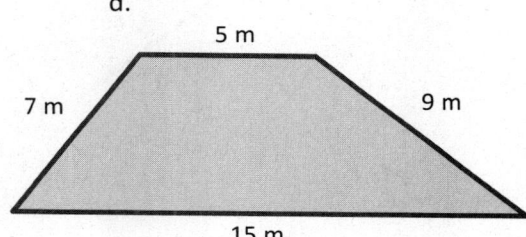

P = _____ m + _____ m + _____ m + _____ m

= _____ m

e.

P = _____ in + _____ in + _____ in + _____ in + _____ in

= _____ in

Lección 13:   Explorar el perímetro como un atributo de las figuras planas y resolver problemas.

55

2. La piscina rectangular de Alan es de 10 metros de largo por 16 metros de ancho. ¿Cuál es el perímetro?

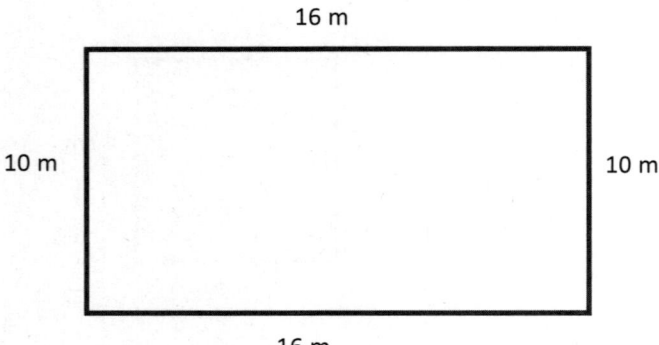

3. Lila mide cada lado de la siguiente figura.

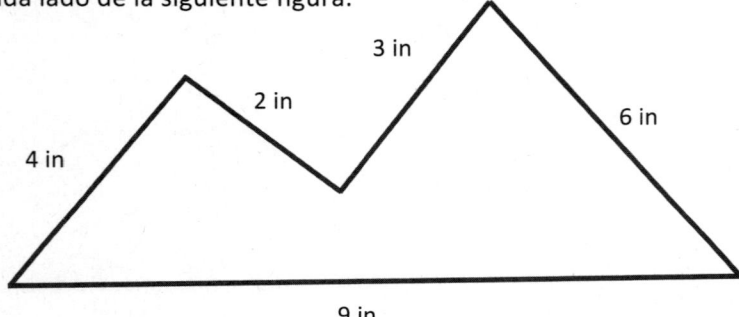

a. ¿Cuál es el perímetro de la figura?

b. Lila dice que la figura es un pentágono. ¿Está en lo correcto? Explica por qué sí o por qué no.

56   **Lección 13:**   Explorar el perímetro como un atributo de las figuras planas y resolver problemas.

©2017 Great Minds®. eureka-math.org

EUREKA MATH™

Nombre _____ Fecha _____

1. Encuentra el perímetro de las siguientes figuras. Incluye las unidades en tus ecuaciones. Relaciona la letra dentro de cada figura con su perímetro para resolver el acertijo. El primer ejercicio ya está resuelto.

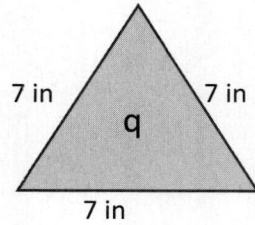

P = 7 in + 7 in + 7 in

P = 21 in

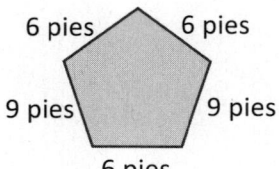

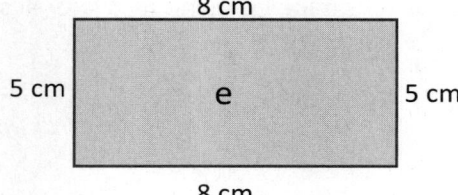

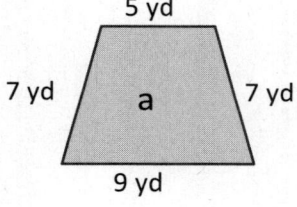

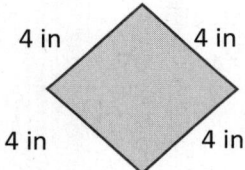

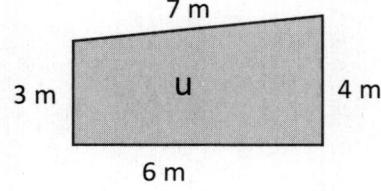

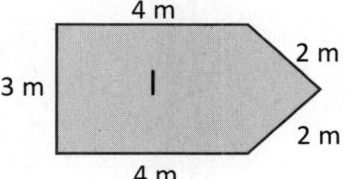

¿Qué tipo de alimentos comen los maestros y las maestras de matemáticas?

____ ____ ____ ____ ____ ____   ____ ____ ____ ____ ____ !

24   21   20   28   36   26   16   26   28   15   24

Lección 13: Explorar el perímetro como un atributo de las figuras planas y resolver problemas.

57

©2017 Great Minds®. eureka-math.org

EUREKA MATH™

2. El jardín rectangular de Alicia tiene 33 pies de largo y 47 pies de ancho. ¿Cuál es el perímetro del jardín de Alicia?

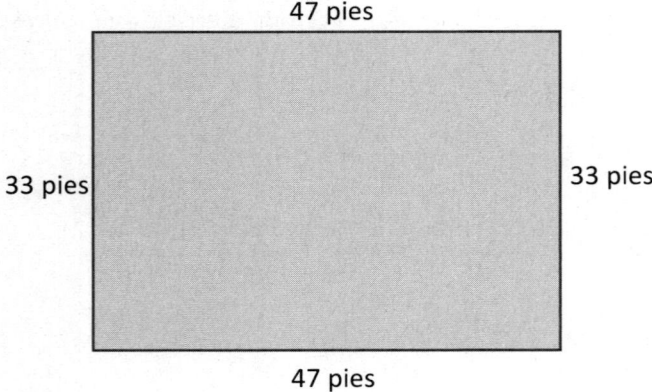

47 pies

33 pies   33 pies

47 pies

3. Jaques mide las longitudes laterales de la siguiente figura.

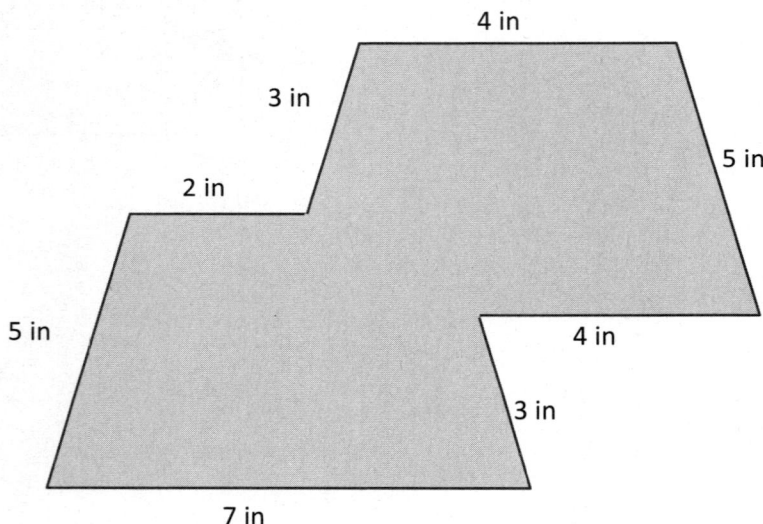

4 in

3 in

2 in

5 in

5 in

4 in

3 in

7 in

a. Encuentra el perímetro de la figura de Jaques.

b. Jaques dice que su figura es un octágono. ¿Está en lo correcto? ¿Por qué sí o por qué no?

Lección 13:   Explorar el perímetro como un atributo de las figuras planas y resolver problemas.

©2017 Great Minds®. eureka-math.org

EUREKA MATH

Nombre _____   Fecha _____

1. Identifica las longitudes laterales desconocidas de las siguientes figuras regulares. Después, encuentra el perímetro de cada figura.

a.

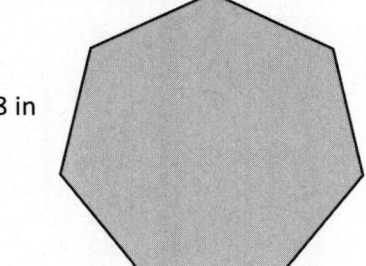

8 in

Perímetro = _____ in

b.

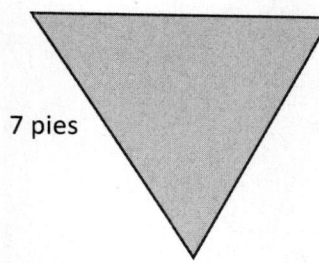

7 pies

Perímetro = _____ pies

c.

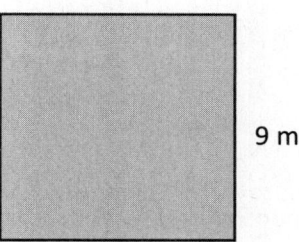

9 m

Perímetro = _____ m

d.

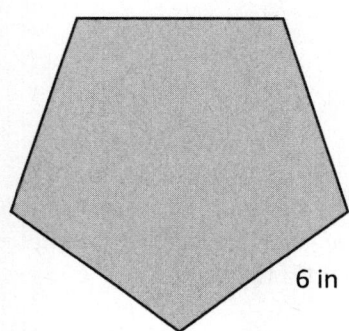

6 in

Perímetro = _____ in

2. Identifica las longitudes laterales desconocidas del siguiente rectángulo. Después, encuentra el perímetro del rectángulo.

2 cm

7 cm

Perímetro = _____ cm

©2017 Great Minds®. eureka-math.org

3. David dibuja un octágono regular e identifica una longitud lateral como se muestra a continuación. Encuentra el perímetro del octágono de David.

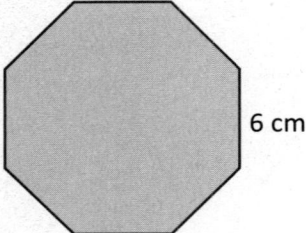

6 cm

4. Paige pinta un dibujo de 8 pulgadas por 9 pulgadas para el cumpleaños de su mamá. ¿Cuál es la longitud total de madera que Paige necesita para hacer un marco para el dibujo?

5. El Sr. Spooner dibuja un hexágono regular en el pizarrón. Uno de los lados mide 4 centímetros. Gilles y Xander encuentran el perímetro. Su trabajo se muestra a continuación. ¿El trabajo de quién es correcto? Justifica tu respuesta.

El trabajo de Gilles	El trabajo de Xander
Perímetro = 4 cm + 4 cm + 4 cm + 4 cm + 4 cm + 4 cm Perímetro = 24 cm	Perímetro = 6 × 4 cm Perímetro = 24 cm

Lección 14:   Determinar el perímetro de polígonos regulares y rectángulos cuando se desconocen las medidas en números enteros.

EUREKA MATH™

Nombre _____   Fecha _____

1. Identifica las longitudes laterales desconocidas de las siguientes figuras regulares. Después, encuentra el perímetro de cada figura.

a.

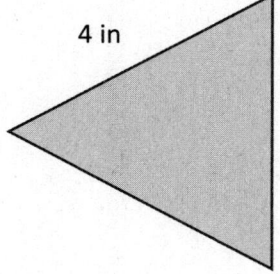

4 in

Perímetro = _____ in

b.

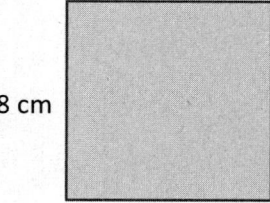

8 cm

Perímetro = _____ cm

c.

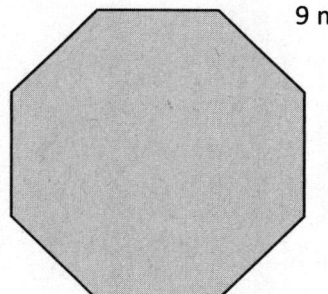

9 m

Perímetro = _____ m

d.

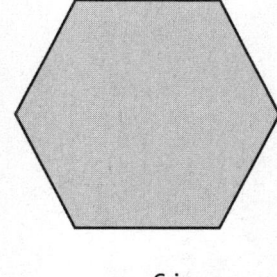

6 in

Perímetro = _____ in

2. Identifica las longitudes laterales desconocidas del siguiente rectángulo. Después, encuentra el perímetro del rectángulo.

4 cm

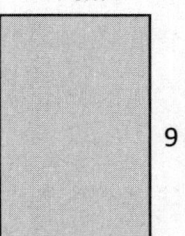

9 cm   Perímetro = _____ cm

Lección 14:   Determinar el perímetro de polígonos regulares y rectángulos cuando se desconocen las medidas en números enteros.

61

EUREKA MATH™

©2017 Great Minds®. eureka-math.org

3. Roxana dibuja un pentágono regular e identifica una longitud lateral como se muestra a continuación. Encuentra el perímetro del pentágono de Roxana.

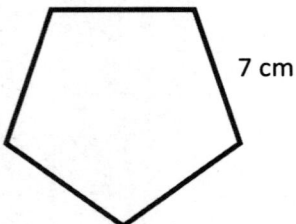

7 cm

4. Cada lado de un campo cuadrado mide 24 metros. ¿Cuál es el perímetro del campo?

5. ¿Cuál es el perímetro de una hoja de papel rectangular que mide 8 pulgadas por 11 pulgadas?

Lección 14:   Determinar el perímetro de polígonos regulares y rectángulos cuando se desconocen las medidas en números enteros.

©2017 Great Minds®. eureka-math.org

EUREKA
MATH™

Nombre _____ Fecha _____

1. La Sra. Kozlow coloca un borde alrededor de un tablero de anuncios rectangular de 5 pies por 6 pies. ¿Cuántos pies de borde usó la Sra. Kozlow?

2. Jason construye un modelo del Pentágono para un proyecto de estudios sociales. Él ha hecho cada pared exterior de 33 centímetros de longitud. ¿Cuál es el perímetro del modelo del Pentágono de Jason?

3. La familia Holmes planta un jardín de vegetales rectangular de 8 yardas por 9 yardas. ¿Cuántas yardas de cerca necesita para colocar una cerca alrededor del jardín?

Lección 15:   Resolver problemas escritos para determinar el perímetro con longitudes laterales dadas.

63

4. Mariana pinta una estrella de 5 puntas en la pared de su dormitorio. Cada lado de la estrella es de 18 pulgadas de longitud. ¿Cuál es el perímetro de la estrella?

5. El equipo de fútbol corre dos veces alrededor de la parte exterior de la cancha de fútbol para calentar. La cancha rectangular mide 60 yardas por 100 yardas. ¿Cuál es el total de yardas que el equipo corre?

6. La tropa 516 hace 3 banderas triangulares para el desfile. Ellos cosen un listón alrededor de los bordes exteriores de las banderas. Las longitudes laterales de la bandera miden 24 pulgadas cada una. ¿Cuántas pulgadas de listón utiliza la tropa?

Lección 15: Resolver problemas escritos para determinar el perímetro con longitudes laterales dadas.

EUREKA MATH™

Nombre _____ Fecha _____

1. Miguel pega un listón en el borde alrededor de una fotografía de 5 pulgadas por 8 pulgadas para crear un marco. ¿Cuál es la longitud total del listón que usa Miguel?

2. Un edificio en Elmira College tiene un salón en forma de un octágono regular. La longitud del cada lado del salón es de 5 pies. ¿Cuál es el perímetro de este salón?

3. Manny cerca una zona rectangular para que su perro juegue en el patio trasero. La zona mide 35 yardas por 45 yardas. ¿Cuál es la longitud total de la cerca que usa Manny?

EUREKA MATH™

Lección 15:   Resolver problemas escritos para determinar el perímetro con
longitudes laterales dadas.

©2017 Great Minds®. eureka-math.org

65

4. Tyler usa 6 palitos de madera para hacer un hexágono. Cada palito de madera tiene una longitud de 6 pulgadas. ¿Cuál es el perímetro del hexágono de Tyler?

5. Francis hace un camino rectangular desde su entrada al porche. El ancho del camino es de 2 pies. La longitud es 28 pies más larga que el ancho. ¿Cuál es el perímetro del camino?

6. El maestro de gimnasia usa una cinta para marcar una cancha de 4 cuadrados en el piso del gimnasio como se muestra. El cuadrado exterior tiene longitudes laterales de 16 pies. ¿Cuál es la longitud total de la cinta que utiliza el maestro para marcar el cuadrado A?

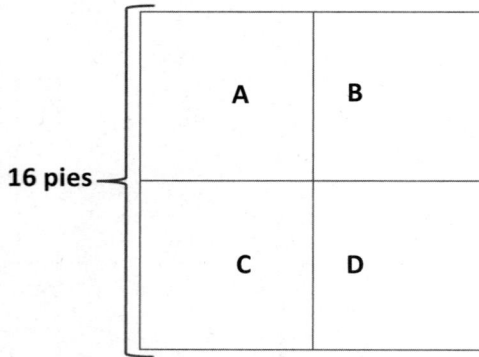

16 pies

Lección 15:   Resolver problemas escritos para determinar el perímetro con longitudes laterales dadas.

©2017 Great Minds®. eureka-math.org

EUREKA
MATH™

Nombre _____   Fecha _____

1. Encuentra el perímetro de 10 objetos circulares hasta el cuarto de pulgada más cercano usando una cuerda. Escribe el nombre y el perímetro de cada objeto en la siguiente tabla.

Objeto	Perímetro (hasta el cuarto de pulgada más cercano)

a. Explica los pasos que usaste para encontrar el perímetro de los objetos circulares en la siguiente gráfica.

b. ¿Se puede usar el mismo proceso para encontrar el perímetro de la siguiente figura? ¿Por qué sí o por qué no?

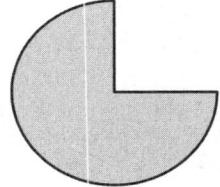

Lección 16:   Usar una cuerda para medir el perímetro de varios círculos hasta el cuarto de pulgada más cercano.

©2017 Great Minds®. eureka-math.org

67

2. ¿Puedes encontrar el perímetro de la siguiente figura utilizando únicamente tu regla? Justifica tu respuesta.

3. Molly dice que el perímetro de la siguiente figura es de $6\frac{1}{4}$ pulgadas. Usa tu cuerda para comprobar su trabajo. ¿Estás de acuerdo con ella? ¿Por qué sí o por qué no?

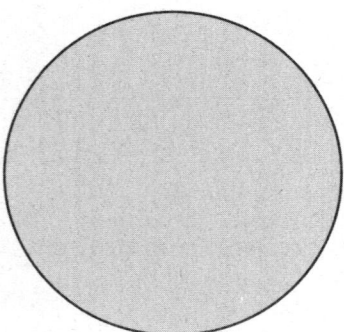

4. ¿El proceso que usaste para encontrar el perímetro de un objeto circular es un método eficaz para encontrar el perímetro de un rectángulo? ¿Por qué sí o por qué no?

EUREKA
MATH

Nombre _____   Fecha _____

1. a. Encuentra el perímetro de 5 objetos circulares de casa hasta el cuarto de pulgada más cercano usando la cuerda. Escribe el nombre y el perímetro de cada objeto en la siguiente tabla.

Objeto	Perímetro (hasta el cuarto de pulgada más cercano)
Ejemplo: Tapa de frasco de mantequilla de maní.	$9\frac{1}{2}$ pulgadas

b. Explica los pasos que usaste para encontrar el perímetro de los objetos circulares en la siguiente gráfica.

Lección 16:   Usar una cuerda para medir el perímetro de varios círculos hasta el cuarto de pulgada más cercano.

69

EUREKA MATH

©2017 Great Minds®. eureka-math.org

2. Usa tu cuerda y regla para encontrar el perímetro de las dos siguientes figuras hasta el cuarto de pulgada más cercano.

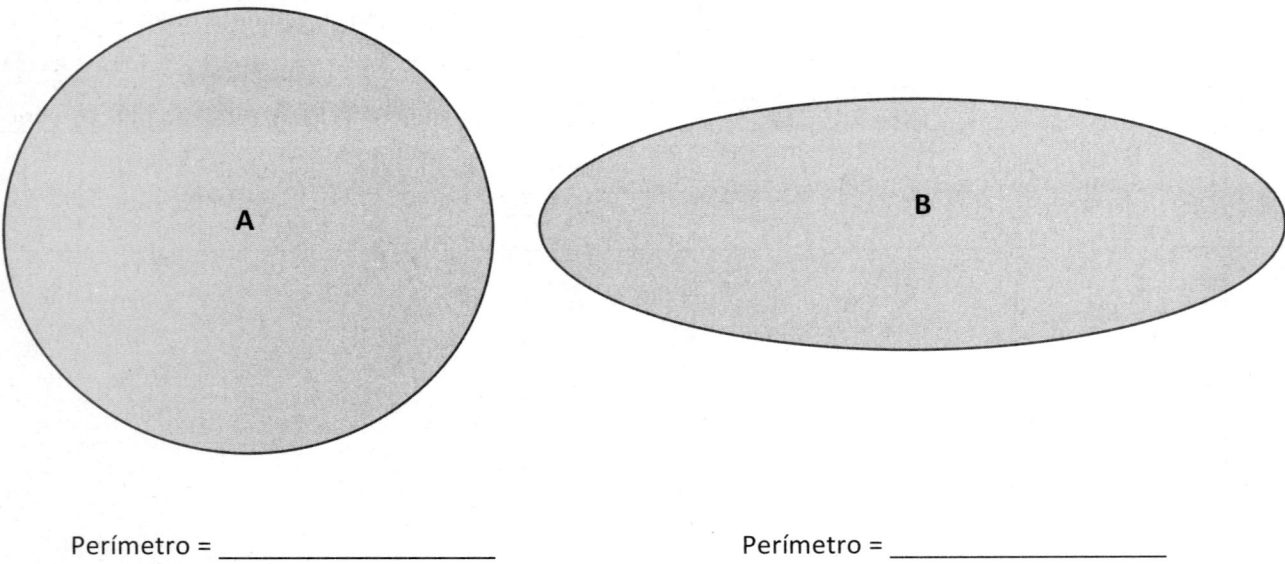

Perímetro = _____   Perímetro = _____

a. ¿Qué figura tiene un perímetro mayor?

b. Encuentra la diferencia entre los dos perímetros.

3. Describe los pasos que usaste para encontrar el perímetro de los objetos en el Problema 2. ¿Utilizarías este método para encontrar el perímetro de un cuadrado? Explica por qué sí o por qué no.

70   **Lección 16:**   Usar una cuerda para medir el perímetro de varios círculos hasta el
                                    cuarto de pulgada más cercano.

©2017 Great Minds®. eureka-math.org

EUREKA
MATH™

Nombre _____   Fecha _____

1. Las siguientes figuras están formadas por rectángulos. Identifica las longitudes laterales desconocidas.
    Después, escribe y resuelve una ecuación para hallar el perímetro de cada figura.

a.

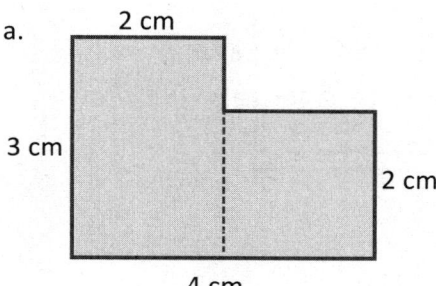

P =

b.

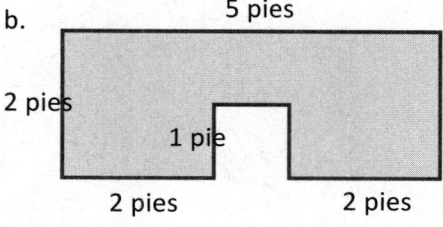

P =

c.

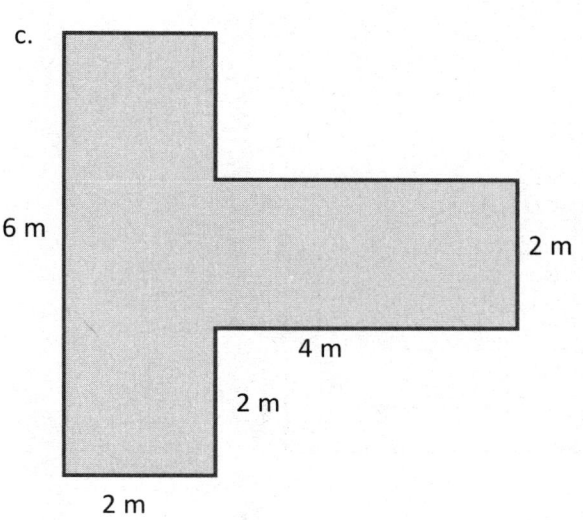

P =

d.

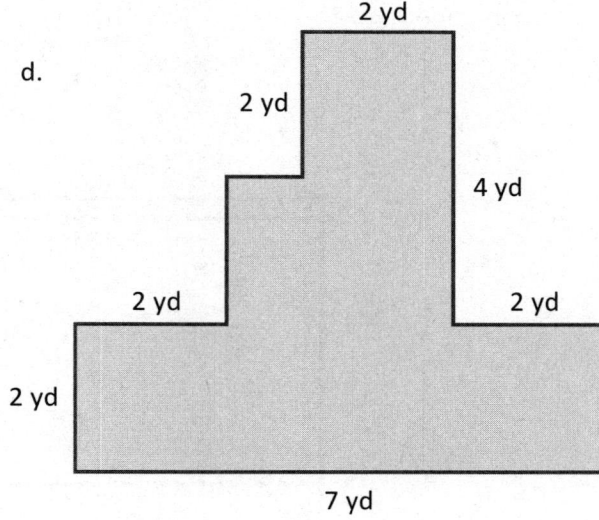

P =

EUREKA
MATH™

Lección 17:   Usar las cuatro operaciones para resolver problemas que involucran
perímetro y medidas desconocidas.

71

©2017 Great Minds®. eureka-math.org

2. Nathan dibuja e identifica el siguiente cuadrado y rectángulo. Encuentra el perímetro de la figura nueva.

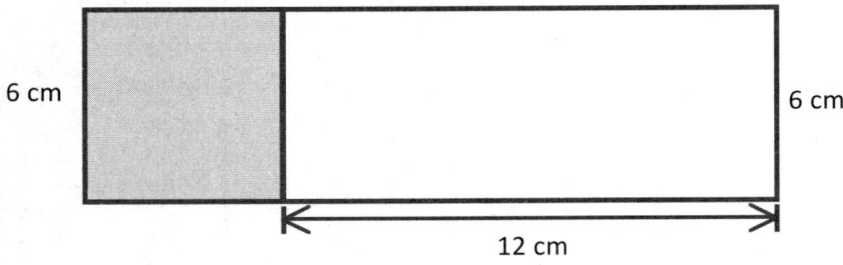

3. Identifica las longitudes laterales desconocidas. Después, encuentra el perímetro del rectángulo sombreado.

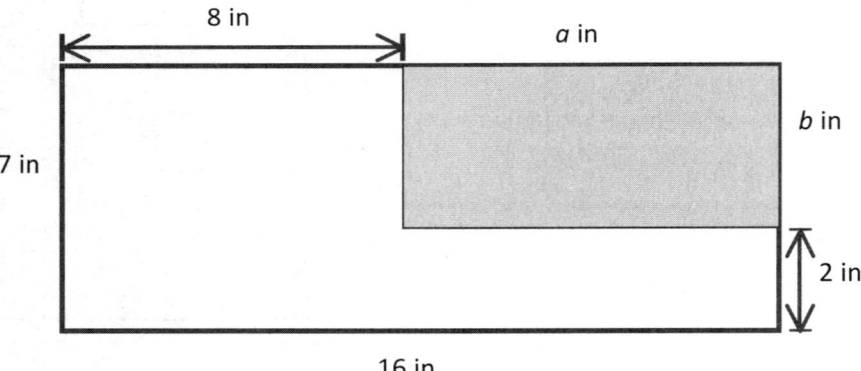

Lección 17:   Usar las cuatro operaciones para resolver problemas que involucran perímetro y medidas desconocidas.

©2017 Great Minds®. eureka-math.org

EUREKA
MATH™

Nombre _____   Fecha _____

1. Las siguientes figuras están formadas por rectángulos. Identifica las longitudes laterales desconocidas.
    Después, escribe y resuelve una ecuación para hallar el perímetro de cada figura.

7 m

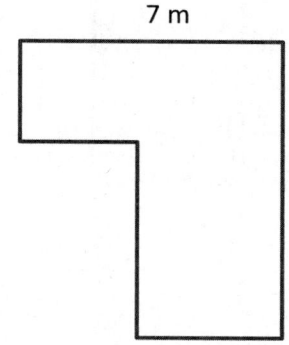

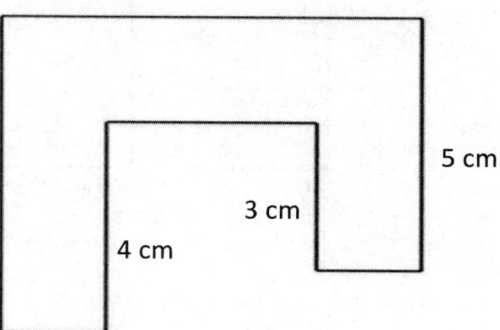

5 cm

3 cm

4 cm

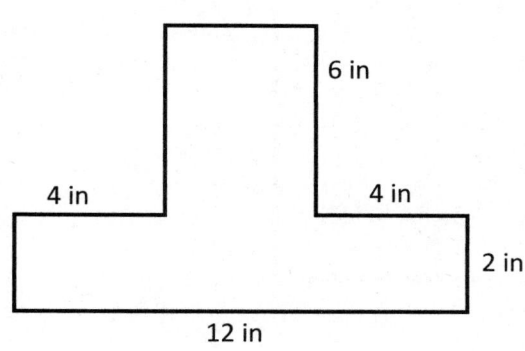

6 in

4 in   4 in

2 in

12 in

P =

2 pies

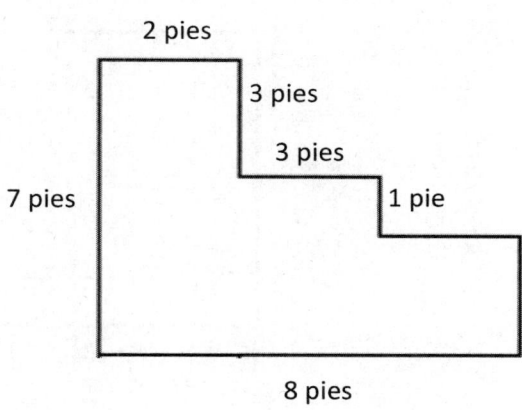

3 pies

3 pies

7 pies   1 pie

8 pies

P =

EUREKA
MATH

Lección 17:   Usar las cuatro operaciones para resolver problemas que involucran
               perímetro y medidas desconocidas.

©2017 Great Minds®. eureka-math.org

73

2. Sari dibuja e identifica los siguientes cuadrados y rectángulos. Encuentra el perímetro de la figura nueva.

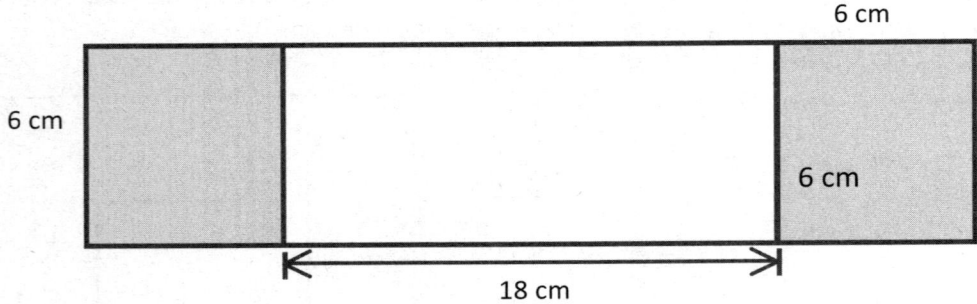

3. Identifica las longitudes laterales desconocidas. Después, encuentra el perímetro del rectángulo sombreado.

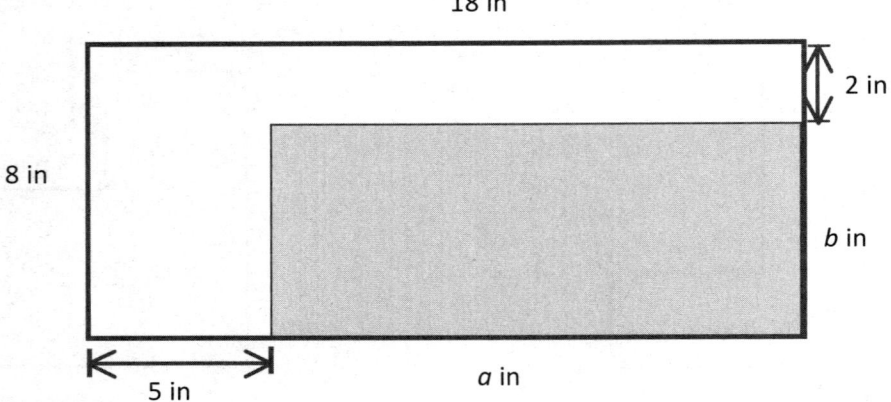

EUREKA MATH™

Nombre _____   Fecha _____

1. Usa cuadrados unitarios para formar tantos rectángulos como puedas con un área de 24 unidades cuadradas. Sombrea los cuadrados en tu papel cuadriculado para representar cada rectángulo que hiciste con un área de 24 unidades cuadradas.

    a. Calcula para dibujar e identificar las longitudes laterales de cada rectángulo que formaste en el Problema 1. Después, encuentra el perímetro de cada rectángulo. Un rectángulo ya está resuelto.

24 unidades

1 unidad

     P = 24 unidades + 1 unidad + 24 unidades + 1 unidad = <u>50 unidades</u>

    b. Las áreas de los rectángulos en la parte (a) de arriba son todas iguales. ¿Qué notas en los perímetros?

2. Usa losas de cuadrados unitarios para formar tantos rectángulos como puedas con un área de 16 unidades cuadradas. Calcula para dibujar cada rectángulo a continuación. Nombra las longitudes laterales.

a. Encuentra los perímetros de los rectángulos que construiste.

b. ¿Cuál es el perímetro del cuadrado? Explica cómo encontraste tu respuesta.

3. Diego usa losas de unidades cuadradas para formar rectángulos con un área de 15 unidades cuadradas. Él dibuja los rectángulos como se muestra a continuación, pero olvida marcar las longitudes laterales. Diego dice que el rectángulo A tiene un perímetro mayor que el rectángulo B. ¿Estás de acuerdo? ¿Por qué sí o por qué no?

Rectángulo A

Rectángulo B

Lección 18:   Formar rectángulos a partir de una cantidad dada de cuadrados unitarios y determinar los perímetros.

©2017 Great Minds®. eureka-math.org

EUREKA MATH

Nombre _____ Fecha _____

1. Sombrea cuadrados en la cuadrícula de abajo para formar tantos rectángulos como puedas con un área de 18 centímetros cuadrados.

2. Encuentra el perímetro de cada rectángulo en el Problema 1 arriba.

Lección 18:   Formar rectángulos a partir de una cantidad dada de cuadrados unitarios y determinar los perímetros.

77

©2017 Great Minds®. eureka-math.org

3. Calcula para dibujar tantos rectángulos como puedas con un área de 20 centímetros cuadrados. Identifica las longitudes laterales de cada rectángulo.

a. ¿Cuál de los rectángulos de arriba tiene el mayor perímetro? ¿Cómo lo sabes solamente observando su forma?

b. ¿Cuál de los rectángulos de arriba tiene el menor perímetro? ¿Cómo lo sabes solamente observando su forma?

Lección 18:   Formar rectángulos a partir de una cantidad dada de cuadrados unitarios y determinar los perímetros.

EUREKA MATH™

Papel cuadriculado

Lección 18:   Formar rectángulos a partir de una cantidad dada de cuadrados
               unitarios y determinar los perímetros.

©2017 Great Minds®. eureka-math.org

Esta página se dejó en blanco intencionalmente

Nombre _____   Fecha _____

1. Usa losas de cuadrados unitarios para formar rectángulos por cada cantidad dada de cuadrados unitarios. Completa las tablas para mostrar cuántos rectángulos puedes hacer para cada cantidad dada de cuadrados unitarios. El primero está hecho como ejemplo. Es posible que no utilices todos los espacios en cada tabla.

Total de cuadrados unitarios = **12**

Total de rectángulos que he hecho: _3_

Ancho	Largo
1	12
2	6
3	4

Total de cuadrados unitarios = **13**

Total de rectángulos que he hecho: ____

Ancho	Largo

Total de cuadrados unitarios = **14**

Total de rectángulos que he hecho: ____

Ancho	Largo

Total de cuadrados unitarios = **15**

Total de rectángulos que he hecho: ____

Ancho	Largo

Total de cuadrados unitarios = **16**

Total de rectángulos que he hecho: ____

Ancho	Largo

Total de cuadrados unitarios = **17**

Total de rectángulos que he hecho: ____

Ancho	Largo

Total de cuadrados unitarios = **18**

Total de rectángulos que he hecho: ____

Ancho	Largo

Lección 19:   Usar un diagrama de puntos para registrar la cantidad de rectángulos formados a partir de una cantidad dada de cuadrados unitarios.

81

2. Crea un diagrama de puntos con los datos recolectados en el problema 1.

Total de rectángulos hechos con cuadrados unitarios.

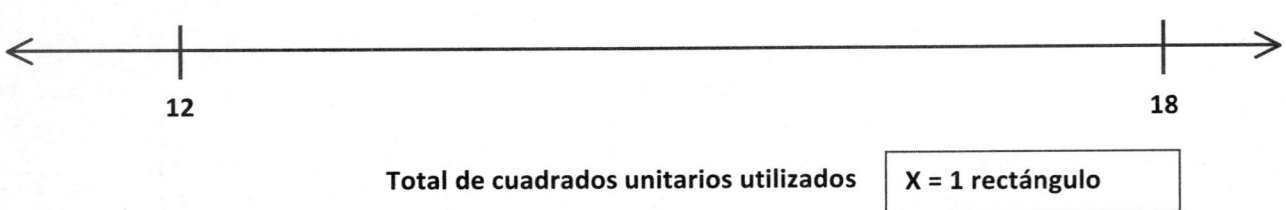

Total de cuadrados unitarios utilizados | X = 1 rectángulo |

3. ¿Qué cantidad de cuadrados unitarios producen tres rectángulos?

4. ¿Por qué algunas cantidades de cuadrados unitarios, como 13, únicamente producen un rectángulo?

82   **Lección 19:**   Usar un diagrama de puntos para registrar la cantidad de rectángulos
                                    formados a partir de una cantidad dada de cuadrados unitarios.

                ©2017 Great Minds®. eureka-math.org

EUREKA
MATH

Nombre _____ Fecha _____

1. Corta los cuadrados unitarios al final de la página. Después, úsalos para formar rectángulos para cada cantidad dada de cuadrados unitarios. Completa las tablas para mostrar cuántos rectángulos puedes hacer para cada cantidad dada de cuadrados unitarios. Es posible que no utilices todos los espacios en cada tabla.

Total de cuadrados unitarios = 6

Total de rectángulos
que he hecho: _____

Ancho	Largo

Total de cuadrados unitarios = 7

Total de rectángulos
que he hecho: _____

Ancho	Largo

Total de cuadrados unitarios = 8

Total de rectángulos
que he hecho: _____

Ancho	Largo

Total de cuadrados unitarios = 9

Total de rectángulos
que he hecho: _____

Ancho	Largo

Total de cuadrados unitarios = 10

Total de rectángulos
que he hecho: _____

Ancho	Largo

Total de cuadrados unitarios = 11

Total de rectángulos
que he hecho: _____

Ancho	Largo

✂ -

 EUREKA MATH™

Lección 19: Usar un diagrama de puntos para registrar la cantidad de rectángulos formados a partir de una cantidad dada de cuadrados unitarios.

83

©2017 Great Minds®. eureka-math.org

2. Crea un diagrama de puntos con los datos recolectados en el problema 1.

Total de rectángulos hechos con cuadrados unitarios.

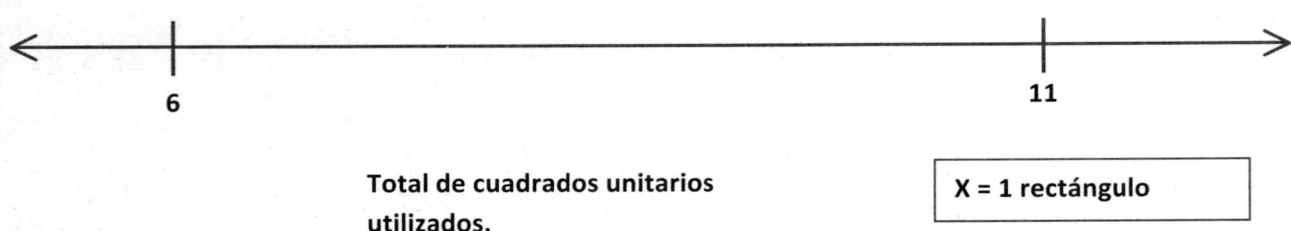

6   11

Total de cuadrados unitarios utilizados.

X = 1 rectángulo

a. Luke observa el diagrama de puntos y dice que todos los números impares de cuadrados unitarios producen sólo 1 rectángulo. ¿Estás de acuerdo? ¿Por qué sí o por qué no?

b. ¿Cuántas X marcarías con 4 cuadrados unitarios? Explica cómo lo sabes.

Lección 19:   Usar un diagrama de puntos para registrar la cantidad de rectángulos formados a partir de una cantidad dada de cuadrados unitarios.

©2017 Great Minds®. eureka-math.org

EUREKA MATH

Nombre _____   Fecha _____

1. Usa tus losas de cuadrados unitarios para formar tantos rectángulos como puedas con un perímetro de 12 unidades.

    a. Calcula para dibujar tus rectángulos a continuación. Identifica las longitudes laterales de cada rectángulo.

    b. Explica tu estrategia para encontrar rectángulos con un perímetro de 12 unidades.

    c. Encuentra las áreas de todos los rectángulos en la parte (a) anterior.

    d. El perímetro de todos los rectángulos es el mismo. ¿Qué adviertes en sus áreas?

Lección 20:   Formar rectángulos con un perímetro dado usando cuadrados
unitarios y determinar sus áreas.

85

©2017 Great Minds®. eureka-math.org

2. Usa tus losas de cuadrados unitarios para formar tantos rectángulos como puedas con un perímetro de 14 unidades.

    a. Calcula para dibujar tus rectángulos a continuación. Identifica las longitudes laterales de cada rectángulo.

    b. Encuentra las áreas de todos los rectángulos en la parte (a) anterior.

    c. Dado el perímetro de un rectángulo, ¿qué otra información necesitas saber acerca del rectángulo para encontrar su área?

Lección 20:   Formar rectángulos con un perímetro dado usando cuadrados unitarios y determinar sus áreas.

©2017 Great Minds®. eureka-math.org

Nombre _____   Fecha _____

1. Corta los cuadrados unitarios al final de la página. Después, úsalos para formar tantos rectángulos como puedas con un perímetro de 10 unidades.

    a. Calcula para dibujar tus rectángulos a continuación. Identifica las longitudes laterales de cada rectángulo.

    b. Encuentra las áreas de los rectángulos en la parte (a) anterior.

✂ -

Lección 20:   Formar rectángulos con un perímetro dado usando cuadrados unitarios y determinar sus áreas.

©2017 Great Minds®. eureka-math.org

87

2. Gino utiliza losas de cuadrados unitarios para hacer un rectángulo con un perímetro de 14 unidades. Él dibuja sus rectángulos como se muestra a continuación. Usando losas de cuadrados unitarios, ¿Gino puede hacer otro rectángulo que tenga un perímetro de 14 unidades? Explica tu respuesta.

6 unidades

1 unidad

4 unidades

3 unidades

3. Katie dibuja un cuadrado que tiene un perímetro de 20 centímetros.

    a. Calcula para dibujar el cuadrado de Katie a continuación. Identifica el largo y el ancho del cuadrado.

    b. Encuentra el área del cuadrado de Katie.

    c. Calcula para dibujar un rectángulo diferente que tenga el mismo perímetro del cuadrado de Katie.

    d. ¿Qué figura tiene un área mayor, el cuadrado de Katie o tu rectángulo?

©2017 Great Minds®. eureka-math.org

EUREKA MATH™

Nombre _____   Fecha _____

Usa los datos que obtuviste del Grupo de problemas 20 y 21 para completar las tablas para mostrar cuántos rectángulos puedes formar con un perímetro determinado. Es posible que no utilices todos los espacios en las tablas.

Perímetro = 10 unidades

Total de rectángulos que hiciste: _____

Ancho	Largo	Área
1 unidad	4 unidades	4 unidades cuadradas

Perímetro = 12 unidades

Total de rectángulos que hiciste: _____

Ancho	Largo	Área

Perímetro = 14 unidades

Total de rectángulos que hiciste: _____

Ancho	Largo	Área

Perímetro = 16 unidades

Total de rectángulos que hiciste: _____

Ancho	Largo	Área

Perímetro = 18 unidades

Total de rectángulos que hiciste: _____

Ancho	Largo	Área

Perímetro = 20 unidades

Total de rectángulos que hiciste: _____

Ancho	Largo	Área

Esta página se dejó en blanco intencionalmente

Nombre _____   Fecha _____

1. En tu hoja cuadriculada en centímetros sombrea e identifica tantos rectángulos como puedas con un perímetro de 16 centímetros.

   a. Dibuja los siguientes rectángulos e identifica las longitudes laterales.

   b. Encuentra el área de cada rectángulo que dibujaste anteriormente.

2. En tu hoja cuadriculada en centímetros sombrea e identifica tantos rectángulos como puedas con un perímetro de 18 centímetros.

   a. Dibuja los siguientes rectángulos e identifica las longitudes laterales.

   b. Encuentra el área de cada rectángulo que dibujaste anteriormente.

Lección 21:   Formar rectángulos con un perímetro dado usando cuadrados unitarios y determinar sus áreas.

©2017 Great Minds®. eureka-math.org

91

3. Usa una hoja cuadriculada en centímetros para sombrear tantos rectángulos como puedas con los perímetros dados.

   a. Usa las siguientes tablas para mostrar cuántos rectángulos sombreaste para cada perímetro dado. Es posible que no utilices todos los espacios en las tablas.

Perímetro = 10 cm		
Total de rectángulos que he hecho: ____		
Ancho	Largo	Área
1 cm	4 cm	4 cm cuadrados

Perímetro = 20 cm		
Total de rectángulos que he hecho: ____		
Ancho	Largo	Área
1 cm	9 cm	9 cm cuadrados

   b. ¿Hiciste un cuadrado con cualquiera de los perímetros dados? ¿Cómo lo sabes?

4. Macy y Gavin dibujan rectángulos con perímetros de 16 centímetros. Usa palabras e imágenes para explicar cómo es posible que los rectángulos de Macy y Gavin tengan perímetros iguales, pero áreas diferentes.

EUREKA MATH

Nombre _____ Fecha _____

1. Margo encuentra tantos rectángulos como puede con un perímetro de 14 centímetros.

    a. Sombrea los rectángulos de Margo en la siguiente cuadrícula. Identifica el largo y el ancho de cada rectángulo.

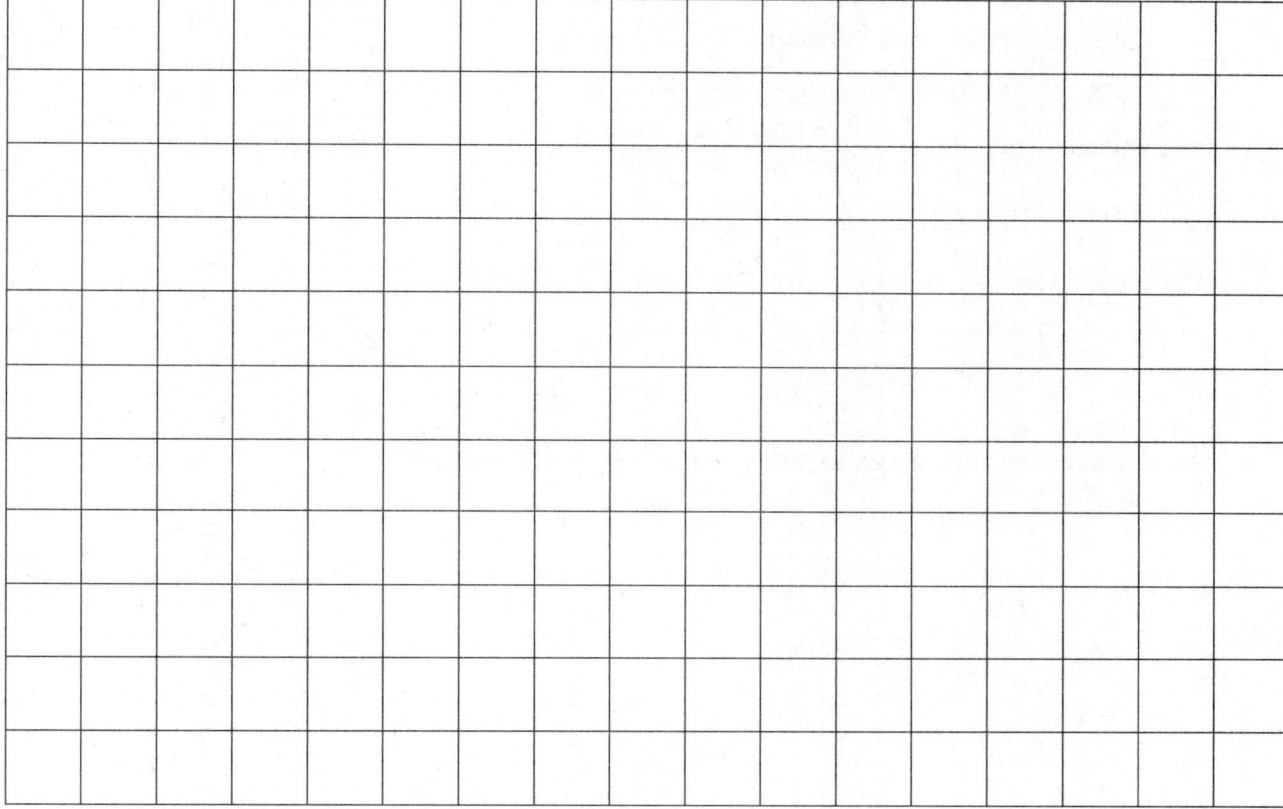

    b. Encuentra las áreas de los rectángulos en la parte (a) anterior.

    c. El perímetro de todos los rectángulos es el mismo. ¿Qué notas acerca de las áreas?

EUREKA
MATH™

Lección 21:   Formar rectángulos con un perímetro dado usando cuadrados
               unitarios y determinar sus áreas.

©2017 Great Minds®. eureka-math.org

93

2. Tanner usa cuadrados unitarios para construir rectángulos que tienen un perímetro de 18 unidades. Él crea la tabla de abajo para registrar sus hallazgos.

    a. Completa la tabla de Tanner. Es posible que no utilices todos los espacios en la tabla.

Perímetro = 18 unidades		
Total de rectángulos que he hecho: _____		
Ancho	Largo	Área
1 unidad	8 unidades	8 unidades cuadradas

    b. Explica cómo encontraste los anchos y largos en la tabla de arriba.

3. Jason y Dina dibujan rectángulos con perímetros de 12 centímetros, pero los rectángulos tienen diferentes áreas. Explica con palabras, imágenes y números cómo es posible.

EUREKA
MATH

Cuadrícula de centímetros

Lección 21:   Formar rectángulos con un perímetro dado usando cuadrados
unitarios y determinar sus áreas.

©2017 Great Minds®. eureka-math.org

95

Esta página se dejó en blanco intencionalmente

Nombre _____   Fecha _____

Usa los datos que obtuviste del Grupo de problemas 20 y 21 para completar las tablas para mostrar cuántos rectángulos puedes formar con un perímetro determinado. Es posible que no utilices todos los espacios de las tablas.

Perímetro = 10 unidades

Total de rectángulos que hiciste: _____

Ancho	Largo	Área
1 unidad	4 unidades	4 unidades cuadradas

Perímetro = 12 unidades

Total de rectángulos que hiciste: _____

Ancho	Largo	Área

Perímetro = 14 unidades

Total de rectángulos que hiciste: _____

Ancho	Largo	Área

Perímetro = 16 unidades

Total de rectángulos que hiciste: _____

Ancho	Largo	Área

Perímetro = 18 unidades

Total de rectángulos que hiciste: _____

Ancho	Largo	Área

Perímetro = 20 unidades

Total de rectángulos que hiciste: _____

Ancho	Largo	Área

Lección 21:   Formar rectángulos con un perímetro dado usando cuadrados unitarios y determinar sus áreas.   97

Esta página se dejó en blanco intencionalmente

Nombre _____   Fecha _____

1. Usa los datos que reuniste de los Grupos de problemas para crear un diagrama de puntos para la cantidad de rectángulos que hiciste con cada perímetro dado.

Total de rectángulos hechos con un perímetro dado

←——→

Medidas de perímetro en unidades | X = 1 rectángulo |

2. ¿Por qué todas las medidas del perímetro son pares? ¿Todos los rectángulos tienen un perímetro par?

Lección 22:   Usar un diagrama de puntos para registrar la cantidad de rectángulos
               formados en las lecciones 20 y 21.

©2017 Great Minds®. eureka-math.org

99

3. Compara los dos diagramas de puntos que creamos. ¿Existe alguna razón para creer que saber únicamente el área de un rectángulo puede ayudar a encontrar su perímetro o saber únicamente el perímetro de un rectángulo puede ayudar a encontrar su área?

4. Sumi usa losas de cuadrados unitarios para formar 3 rectángulos que tienen un área de 32 unidades cuadradas. ¿Saber esto la ayuda a encontrar la cantidad de rectángulos que puede construir para un perímetro de 32 unidades? ¿Por qué sí o por qué no?

5. Jorge dibuja 3 rectángulos que tienen un perímetro de 14 centímetros. Alicia le dice a Jorge que hay más de 3 rectángulos que tienen un perímetro de 14 centímetros. Explica por qué Alicia está en lo correcto.

Lección 22:   Usar un diagrama de puntos para registrar la cantidad de rectángulos formados en las lecciones 20 y 21.

EUREKA
MATH

Nombre _____   Fecha _____

1. El siguiente diagrama de puntos muestra la cantidad de rectángulos que un estudiante hace usando losas de unidad cuadrada. Usa el diagrama de puntos para responder a las siguientes preguntas.

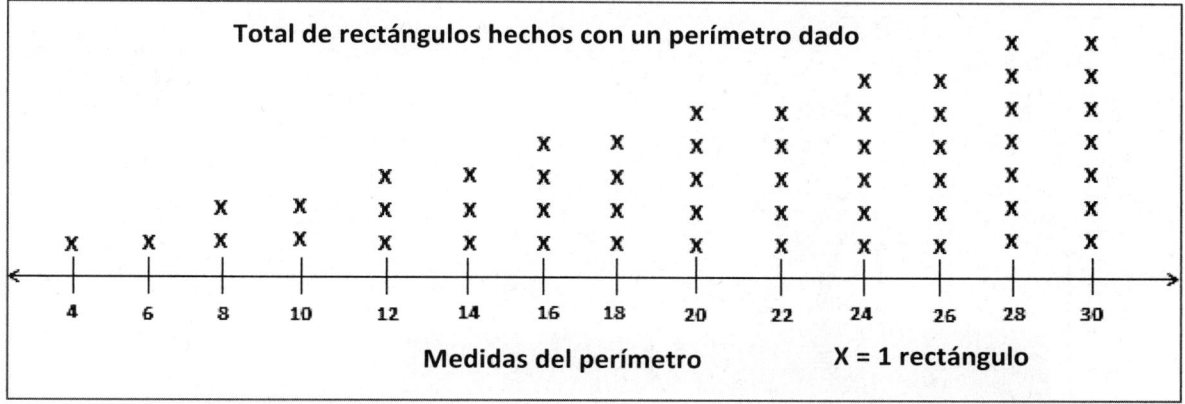

a. ¿Por qué todas las medidas del perímetro son pares? ¿Todos los rectángulos tienen perímetros pares?

b. Explica el patrón en el diagrama de puntos. ¿Qué tipos de longitudes laterales hacen posible este patrón?

c. ¿Cuántas X dibujarías para un perímetro de 32? Explica cómo lo sabes.

EUREKA MATH™

Lección 22: Usar un diagrama de puntos para registrar la cantidad de rectángulos formados en las lecciones 20 y 21.

101

©2017 Great Minds®. eureka-math.org

2. Luis utiliza losas de 1 pulgada cuadrada para construir un rectángulo con un perímetro de 24 pulgadas. ¿Saber esto le ayuda a encontrar la cantidad de rectángulos que puede construir con un área de 24 pulgadas cuadradas? ¿Por qué sí o por qué no?

3. Esperanza hace un rectángulo con una cuerda. Ella dice que el perímetro de su rectángulo es de 33 centímetros. Explica cómo es posible que su rectángulo tenga un perímetro impar.

Lección 22:   Usar un diagrama de puntos para registrar la cantidad de rectángulos
                        formados en las lecciones 20 y 21.

EUREKA
MATH™

Nombre _____   Fecha _____

1. Gael hace un cartel de alto en miniatura, un octágono regular con un perímetro de 48 centímetros, para la ciudad que construye con bloques. ¿Cuál es la longitud de cada lado del cartel de alto?

2. Travis dobla alambre para hacer rectángulos. Cada rectángulo mide 34 pulgadas por 12 pulgadas. ¿Cuál es la longitud total de alambre necesario para dos rectángulos?

3. El perímetro de un cuarto de baño rectangular es de 32 pies. El ancho del cuarto es de 8 pies. ¿Cuál es el largo del cuarto de baño?

Lección 23:   Resolver una variedad de problemas escritos con perímetro.

103

©2017 Great Minds®. eureka-math.org

4. Raj usa losas cuadradas de 6 pulgadas para hacer un rectángulo como se muestra a continuación. ¿Cuál es el perímetro del rectángulo en pulgadas?

6 in

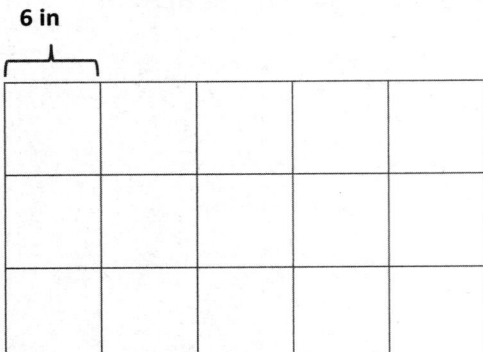

5. Mischa hace un cartel rectangular de 4 pies por 6 pies. Ella pone un listón alrededor de los bordes exteriores. El pie de listón cuesta $2. ¿Cuál es el costo total del listón?

6. Colton compra un rollo de alambre de cerca que mide 120 yardas de largo. Lo usa para cercar su jardín rectangular de 18 yardas por 24 yardas. ¿A Colton le quedará suficiente alambre para cercar un corralito rectangular de 6 yardas por 8 yardas para su conejo?

EUREKA MATH

Nombre _____ Fecha _____

1. Rosa dibuja un cuadrado con un perímetro de 36 pulgadas. ¿Cuáles son las longitudes laterales del cuadrado?

2. Judith usa palitos de madera para hacer dos rectángulos de 24 pulgadas por 12 pulgadas. ¿Cuál es el perímetro total de 2 rectángulos?

3. Un arquitecto dibuja un cuadrado y un rectángulo, como se muestra a continuación, para representar una casa que tiene una cochera. ¿Cuál es el perímetro total de la casa junto con la cochera?

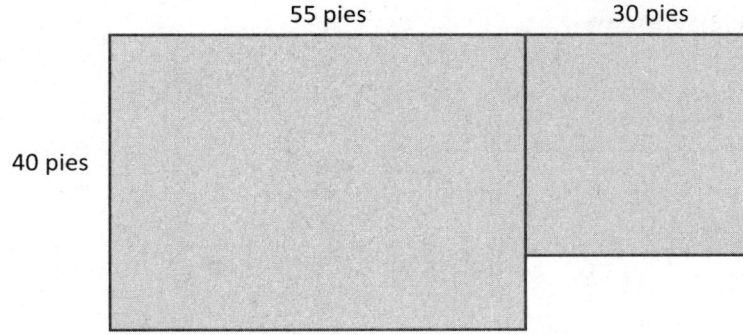

55 pies   30 pies

40 pies

Lección 23: Resolver una variedad de problemas escritos con perímetro.

105

©2017 Great Minds®. eureka-math.org

4. Manny dibuja 3 pentágonos regulares para crear la figura que se muestra a continuación. El perímetro de 1 de los pentágonos es de 45 pulgadas. ¿Cuál es el perímetro de la figura nueva de Manny?

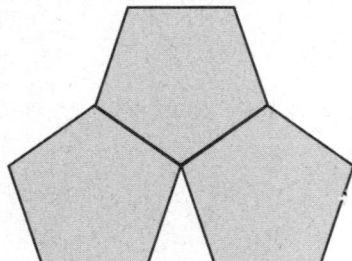

5. Juan usa losas cuadradas de 2 pulgadas para formar un cuadrado, como se muestra a continuación. ¿Cuál es el perímetro del cuadrado de Juan?

2 in

6. Lisa une con cinta tres hojas de cartulina de 7 pulgadas por 9 pulgadas para hacer un cartel de feliz cumpleaños para su mamá. Ella usa un listón que mide 144 pulgadas de largo para hacer un contorno alrededor de los bordes exteriores del cartel. ¿Cuánto listón sobra?

9 in

7 in

106

Lección 23:   Resolver una variedad de problemas escritos con perímetro.

©2017 Great Minds®. eureka-math.org

EUREKA MATH

Nombre _____   Fecha _____

Usa los perímetros dados en la siguiente tabla para elegir el largo y el ancho de las partes rectangulares del cuerpo de tu robot. Escribe los anchos y los largos en la siguiente tabla. Usa las filas en blanco si quieres agregar partes rectangulares adicionales al cuerpo de tu robot.

Letra	Parte del cuerpo	Perímetro	Largo y ancho
A	brazo	14 cm	_____ cm por _____ cm
B	brazo	14 cm	_____ cm por _____ cm
C	pierna	18 cm	_____ cm por _____ cm
D	pierna	18 cm	_____ cm por _____ cm
E	cuerpo	Doble del perímetro de un brazo = _____ cm	_____ cm por _____ cm
F	cabeza	16 cm	_____ cm por _____ cm
G	cuello	Mitad del perímetro de la cabeza = _____ cm	_____ cm por _____ cm
H			_____ cm por _____ cm
I			_____ cm por _____ cm
Mi robot tiene de 7 a 9 partes del cuerpo rectangulares. Total de partes del cuerpo: _____			

Lección 24:   Utilizar rectángulos para dibujar un robot con medidas de perímetro especificadas y razonar sobre las diferentes áreas que se podrían formar.   107

©2017 Great Minds®. eureka-math.org

Usa la información en la siguiente tabla para planificar un entorno para tu robot. Escribe el ancho y el largo de cada elemento rectangular. Usa las filas en blanco si quieres agregar elementos rectangulares o circulares adicionales al entorno de tu robot.

Letra	Artículo	Figura	Perímetro	Largo y ancho
J	sol	círculo	aproximadamente 25 cm	
K	casa	rectángulo	82 cm	_____ cm por _____cm
L	copa del árbol	círculo	aproximadamente 30 cm	
M	tronco del árbol	rectángulo	30 cm	_____ cm por _____cm
N	copa del árbol	círculo	aproximadamente 20 cm	
U	tronco del árbol	rectángulo	20 cm	_____ cm por _____cm
P				
Q				
	El entorno de mi robot tiene de 6 a 8 elementos. Total de elementos: _____			

Lección 24:   Utilizar rectángulos para dibujar un robot con medidas de perímetro especificadas y razonar sobre las diferentes áreas que se podrían formar.

©2017 Great Minds®. eureka-math.org

EUREKA MATH™

Nombre _____ Fecha _____

1. Brian dibuja un cuadrado con un perímetro de 24 pulgadas. ¿Cuál es el ancho y el largo del cuadrado?

2. Un rectángulo tiene un perímetro de 18 centímetros.

    a. Calcula para dibujar tantos rectángulos diferentes como puedas que tengan un perímetro de 18 centímetros. Identifica el ancho y el largo de cada rectángulo.

    b. ¿Cuántos rectángulos diferentes encontraste?

    c. Explica la estrategia que utilizaste para encontrar los rectángulos.

Lección 24:   Utilizar rectángulos para dibujar un robot con medidas de perímetro
especificadas y razonar sobre las diferentes áreas que se podrían formar.

109

©2017 Great Minds®. eureka-math.org

3. La tabla de abajo muestra los perímetros de tres rectángulos.

a. Escribe largos y anchos posibles para cada perímetro dado.

Rectángulo	Perímetro	Largo y ancho
A	6 cm	_____ cm por _____ cm
B	10 cm	_____ cm por _____ cm
C	14 cm	_____ cm por _____ cm

b. Duplica los perímetros de los rectángulos en la parte (a). Después, encuentra los posibles largos y anchos.

Rectángulo	Perímetro	Largo y ancho
A	12 cm	_____ cm por _____ cm
B		_____ cm por _____ cm
C		_____ cm por _____ cm

Lección 24: Utilizar rectángulos para dibujar un robot con medidas de perímetro especificadas y razonar sobre las diferentes áreas que se podrían formar.

©2017 Great Minds®. eureka-math.org

EUREKA MATH

Nombre _____   Fecha _____

Dibuja una imagen de tu robot en su entorno en el siguiente espacio. Identifica los anchos, los largos y los perímetros de todos los rectángulos. Identifica los perímetros de todas las figuras circulares.

Lección 25:   Utilizar rectángulos para dibujar un robot con medidas de perímetro
                especificadas y razonar sobre las diferentes áreas que se podrían formar.

©2017 Great Minds®. eureka-math.org

111

Esta página se dejó en blanco intencionalmente

Nombre _____ Fecha _____

El robot de abajo está hecho de rectángulos. Las longitudes laterales de cada rectángulo están identificadas. Encuentra el perímetro de cada rectángulo y escríbelo en la tabla en la siguiente página.

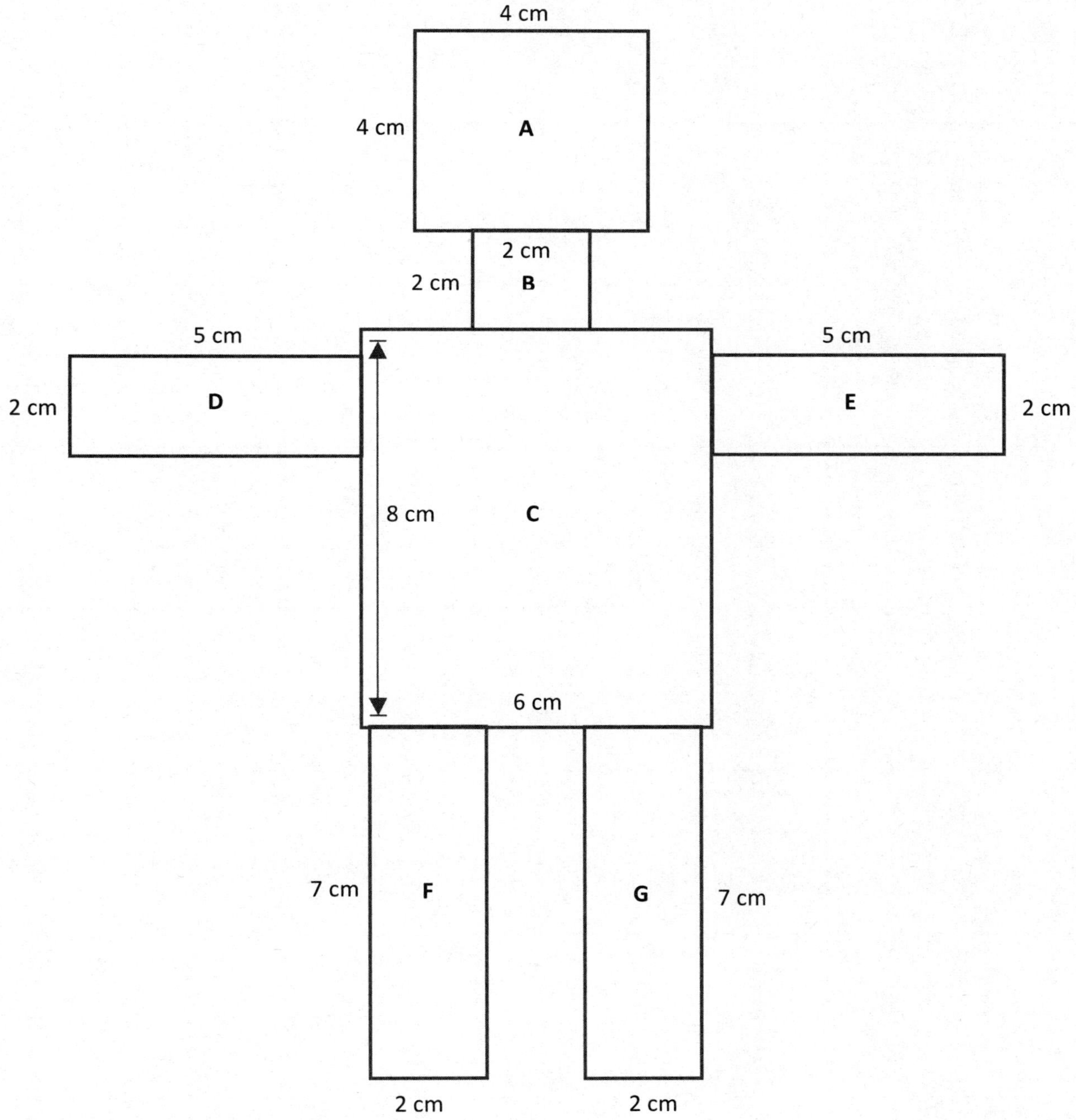

4 cm

4 cm A

2 cm
2 cm B

5 cm D   5 cm E
2 cm   2 cm

8 cm C

6 cm

7 cm F   G 7 cm

2 cm   2 cm

Lección 25:   Utilizar rectángulos para dibujar un robot con medidas de perímetro
               especificadas y razonar sobre las diferentes áreas que se podrían formar.

©2017 Great Minds®. eureka-math.org

113

Rectángulo	Perímetro
A	P = 4 × 4 cm P = 16 cm
B	
C	
D	
E	
F	
J	

Lección 25:   Utilizar rectángulos para dibujar un robot con medidas de perímetro especificadas y razonar sobre las diferentes áreas que se podrían formar.

©2017 Great Minds®. eureka-math.org

Nombre _____   Fecha _____

1. Recolecta las medidas de área de los **cuerpos de los robots** de tus compañeros(as). Haz un diagrama de puntos utilizando las medidas de área de todos.

Áreas de los cuerpos de los robots

**Medidas de área de los cuerpos de los robots
en centímetros cuadrados**

X = 1 cuerpo de robot

a. ¿Cuántas medidas diferentes hay en el diagrama de puntos? ¿Por qué son diferentes las medidas?

b. ¿Qué te dice esto sobre la relación entre área y perímetro?

EUREKA MATH™

Lección 26:   Utilizar rectángulos para dibujar un robot con medidas de perímetro especificadas y razonar sobre las diferentes áreas que se podrían formar.

115

©2017 Great Minds®. eureka-math.org

2. Mide y calcula el perímetro de tu cartulina en pulgadas. Muestra tu trabajo en el siguiente espacio.

3. Dibuja e identifica dos figuras con el mismo perímetro del entorno del robot. ¿Qué notas sobre la forma en la que lucen?

4. Escribe dos o tres oraciones que describan a tu robot y el entorno en el que vive.

Lección 26:   Utilizar rectángulos para dibujar un robot con medidas de perímetro especificadas y razonar sobre las diferentes áreas que se podrían formar.

©2017 Great Minds®. eureka-math.org

EUREKA MATH

Nombre _____   Fecha _____

1. Usa los Rectángulos A y B para responder a las siguientes preguntas.

a. ¿Cuál es el perímetro del Rectángulo A?

b. ¿Cuál es el perímetro del Rectángulo B?

c. ¿Cuál es el área del Rectángulo A?

d. ¿Cuál es el área del Rectángulo B?

e. Usa tu respuesta a las partes (a–d) para ayudarte a explicar la relación entre el área y el perímetro.

EUREKA MATH™   Lección 26:   Utilizar rectángulos para dibujar un robot con medidas de perímetro
especificadas y razonar sobre las diferentes áreas que se podrían formar.   117

©2017 Great Minds®. eureka-math.org

2. Cada estudiante en la clase de la Sra. Dutra dibuja un rectángulo con un número entero en las longitudes laterales y un perímetro de 28 centímetros. Después, encuentran el área de cada rectángulo y crean la tabla de abajo.

Área en centímetros cuadrados	Total de estudiantes
13	2
24	1
33	3
40	5
45	4
48	2
49	2

a. Presenta dos ejemplos de la clase de la Sra. Dutra para mostrar cómo es posible tener diferentes áreas en rectángulos que tienen el mismo perímetro.

b. ¿Alguno de los estudiantes de la Sra. Dutra dibujó un cuadrado? Explica cómo lo sabes.

c. ¿Cuáles son las longitudes laterales del rectángulo que la mayoría de los estudiantes de la clase de la Sra. Dutra hicieron con un perímetro de 28 centímetros?

EUREKA
MATH™

Nombre _____ Fecha _____

Parte A: Revisé el robot de _____.

1. Usa la tabla de abajo para evaluar al robot de tu amigo(a). Mide el largo y el ancho de cada rectángulo. Después, calcula el perímetro. Registra esa información en la siguiente tabla. Si tus medidas son diferentes a las mencionadas en el proyecto, coloca una estrella junto a la letra del rectángulo.

Rectángulo	Largo y ancho	Perímetro del estudiante	Perímetro requerido
A	_____ cm por _____cm		14 cm
B	_____ cm por _____cm		14 cm
C	_____ cm por _____cm		18 cm
D	_____ cm por _____cm		18 cm
E	_____ cm por _____cm		28 cm
F	_____ cm por _____cm		16 cm
G	_____ cm por _____cm		8 cm
H	_____ cm por _____cm		
I	_____ cm por _____cm		

Lección 27:   Utilizar rectángulos para dibujar un robot con medidas de perímetro especificadas y razonar sobre las diferentes áreas que se podrían formar.

119

EUREKA MATH™

©2017 Great Minds®. eureka-math.org

2. ¿El perímetro del cuerpo del robot es el doble del perímetro del brazo? Muestra los cálculos a continuación.

3. ¿El perímetro del cuello del robot es la mitad del perímetro de la cabeza? Muestra los cálculos a continuación.

Lección 27:   Utilizar rectángulos para dibujar un robot con medidas de perímetro especificadas y razonar sobre las diferentes áreas que se podrían formar.

©2017 Great Minds®. eureka-math.org

EUREKA
MATH

Parte B: Revisé el entorno del robot de _____.

4. Usa la tabla de abajo para evaluar el entorno del robot de tu amigo(a). Mide el largo y el ancho de cada rectángulo. Después, calcula el perímetro. Utiliza la cuerda para medir los perímetros de los objetos no rectangulares. Registra esa información en la siguiente tabla. Si tus medidas son diferentes a las mencionadas en el proyecto, coloca una estrella junto a la letra de la figura.

Artículo	Largo y ancho	Perímetro del estudiante	Perímetro requerido
J			Aproximadamente 25 cm
K	_____ cm por _____ cm		82 cm
L			Aproximadamente 30 cm
M	_____ cm por _____ cm		30 cm
N			Aproximadamente 20 cm
O	_____ cm por _____ cm		20 cm
P			
Q			

 Lección 27: Utilizar rectángulos para dibujar un robot con medidas de perímetro especificadas y razonar sobre las diferentes áreas que se podrían formar.   121

©2017 Great Minds®. eureka-math.org

Esta página se dejó en blanco intencionalmente

Nombre _____   Fecha _____

Escribe los perímetros y las áreas de los rectángulos en la gráfica de la siguiente página.

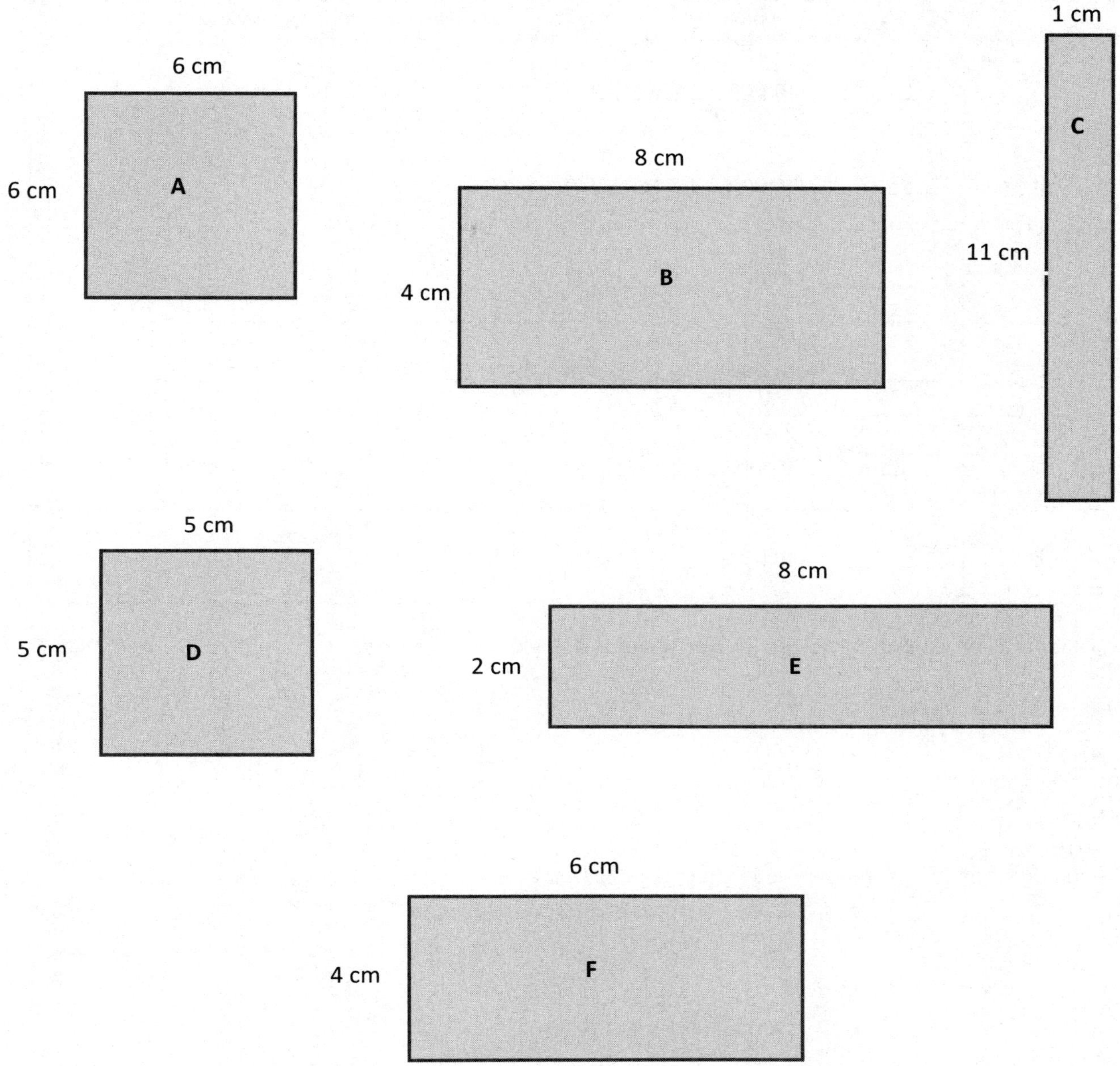

6 cm

6 cm   **A**

8 cm

4 cm   **B**

1 cm

C

11 cm

5 cm

5 cm   **D**

8 cm

2 cm   **E**

6 cm

4 cm   **F**

EUREKA MATH™

©2017 Great Minds®. eureka-math.org

1.   Encuentra el área y el perímetro de cada rectángulo.

Rectángulo	Largo y ancho	Perímetro	Área
A	_____ cm por _____ cm		
B	_____ cm por _____ cm		
C	_____ cm por _____ cm		
D	_____ cm por _____ cm		
E	_____ cm por _____ cm		
F	_____ cm por _____ cm		

2.   ¿Qué notas en los perímetros de los Rectángulos A, B y C?

3.   ¿Qué notas en los perímetros de los Rectángulos D, E y F?

4.   ¿Cuáles rectángulos son cuadrados? ¿Cuál cuadrado tiene el mayor perímetro?

Lección 27:   Utilizar rectángulos para dibujar un robot con medidas de perímetro
              especificadas y razonar sobre las diferentes áreas que se podrían formar.

EUREKA
MATH

Nombre ___Muestra_____   Fecha_____

Parte A: Revisé el robot A de Susana.

Usa la siguiente tabla para evaluar el robot de tu amigo. Mide el largo y ancho de cada rectángulo. Después, calcula el perímetro. Registra la información en la siguiente tabla. Si tus medidas son diferentes a las mencionadas en el proyecto, coloca una estrella junto a la letra del rectángulo.

Rectángulo	Largo y ancho	Perímetro del estudiante	Perímetro requerido
A	__2__ cm por __5__ cm	2cm+2cm+5cm+5cm=14cm	14 cm
B	__2__ cm por __5__ cm		14 cm
C	__2__ cm por __7__ cm		18 cm
D	__2__ cm por __7__ cm		18 cm
E	__6__ cm por __8__ cm		28 cm
F	__4__ cm por __4__ cm		16 cm
G	__2__ cm por __2__ cm		8 cm
H	_____ cm por_____ cm		
I	_____ cm por_____ cm		

Muestra del Grupo de problemas

Lección 27:   Utilizar rectángulos para dibujar un robot con medidas de perímetro
especificadas y razonar sobre las diferentes áreas que se podrían formar.   125

©2017 Great Minds®. eureka-math.org

Esta página se dejó en blanco intencionalmente

Nombre _____   Fecha _____

1. Gia mide su jardín rectangular y descubre que el ancho es de 9 yardas y el largo es de 7 yardas.

    a. Calcula para dibujar el jardín de Gia e identifica las longitudes laterales.

    b. ¿Cuál es el área del jardín de Gia?

    c. ¿Cuál es el perímetro del jardín de Gia?

2. Elías dibuja un cuadrado que tiene longitudes laterales de 8 centímetros.

    a. Calcula para dibujar el cuadrado de Elías e identifica las longitudes laterales.

    b. ¿Cuál es el área del cuadrado de Elías?

    c. ¿Cuál es el perímetro del cuadrado de Elías?

Lección 28:   Resolver una variedad de problemas escritos que involucran el área y el
perímetro usando las cuatro operaciones.

©2017 Great Minds®. eureka-math.org

127

d.   Elías une tres de estos cuadrados para hacer un rectángulo largo. ¿Cuál es el perímetro de este rectángulo?

3.   El área del cuadro rectangular de Mason es de 72 pulgadas cuadradas. El ancho del cuadro es de 8 pulgadas.

a.   Calcula para dibujar el cuadro de Mason e identifica las longitudes laterales.

b.   ¿Cuál es el largo del cuadro?

c.   ¿Cuál es el perímetro del cuadro de Mason?

d.   La mamá de Mason cuelga el cuadro en una pared que ya tiene dos cuadros de Mason. Las áreas de los otros cuadros son 64 pulgadas cuadradas y 81 pulgadas cuadradas. ¿Cuál es el área total de la pared que está cubierta con los cuadros de Mason?

Lección 28:   Resolver una variedad de problemas escritos que involucran el área y el perímetro usando las cuatro operaciones.

EUREKA MATH™

4. El perímetro del dormitorio rectangular de Julia es de 34 pies. El largo de su dormitorio es de 9 pies.

a. Calcula para dibujar el dormitorio de Julia e identifica las longitudes laterales.

b. ¿Cuál es el ancho del dormitorio de Julia?

c. ¿Cuál es el área del dormitorio de Julia?

d. Julia tiene una alfombra de 4 pies por 6 pies en su dormitorio. ¿Cuál es el área del piso que no está cubierto por la alfombra?

EUREKA
MATH

Lección 28:   Resolver una variedad de problemas escritos que involucran el área y el perímetro usando las cuatro operaciones.

129

©2017 Great Minds®. eureka-math.org

Esta página se dejó en blanco intencionalmente

Nombre _____   Fecha _____

1. Carlos dibuja un cuadrado que tiene longitudes laterales de 7 centímetros.

   a. Calcula para dibujar el cuadrado de Carlos e identifica las longitudes laterales.

   b. ¿Cuál es el área del cuadrado de Carlos?

   c. ¿Cuál es el perímetro del cuadrado de Carlos?

   d. Carlos dibuja dos de estos cuadrados para formar un rectángulo largo. ¿Cuál es el perímetro de este rectángulo?

Lección 28:   Resolver una variedad de problemas escritos que involucran el área y el   131
perímetro usando las cuatro operaciones.

©2017 Great Minds®. eureka-math.org

2. El Sr. Briggs coloca la comida para la fiesta del grupo en una mesa rectangular. La mesa tiene un perímetro de 18 pies y un ancho de 3 pies.

a. Calcula para dibujar la mesa e identifica las longitudes laterales.

b. ¿Cuál es el largo de la mesa?

c. ¿Cuál es el área de la mesa?

d. El Sr. Briggs junta tres de estas mesas, las coloca lado a lado, para formar 1 mesa larga. ¿Cuál es el área de la mesa larga?

Lección 28: Resolver una variedad de problemas escritos que involucran el área y el perímetro usando las cuatro operaciones.

EUREKA MATH

Nombre _____   Fecha _____

1. Kyle coloca dos rectángulos juntos para formar la siguiente figura en forma de L. Él mide algunas de las longitudes laterales y las escribe como se muestra.

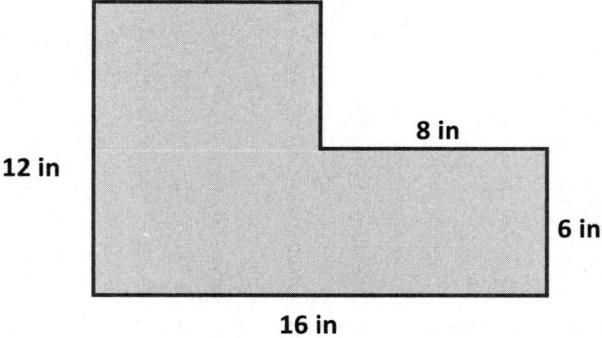

    a.   Encuentra el perímetro de la figura de Kyle.

    b.   Encuentra el área de la figura de Kyle.

    c.   Kyle hace dos copias de la figura en forma de L para crear el rectángulo que se muestra a continuación. Encuentra el perímetro del rectángulo.

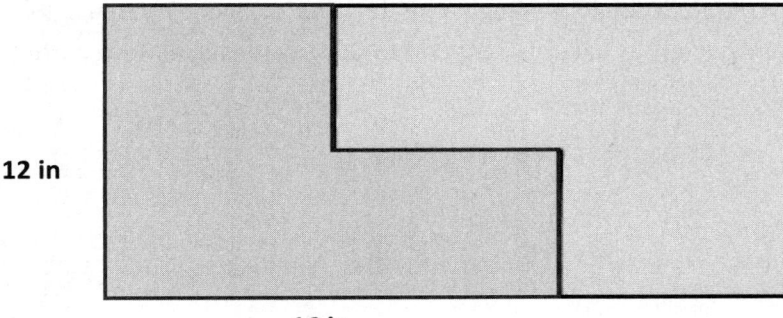

Lección 29:   Resolver una variedad de problemas escritos que involucran el área y el perímetro usando las cuatro operaciones.   133

©2017 Great Minds®. eureka-math.org

2. Jeremías y Hayley usan un pedazo de cuerda para marcar un espacio cuadrado para su pabellón en la feria de ciencias. El área de su espacio es de 49 pies cuadrados. ¿Cuál es la longitud de la cuerda que Jeremías y Hayley usan si dejan una abertura de 3 pies para poder entrar y salir del espacio?

3. Viviana dibuja cuatro rectángulos idénticos como se muestra a continuación para hacer un nuevo rectángulo más grande. El perímetro de uno de los rectángulos pequeños es de 18 centímetros y el ancho es de 6 centímetros. ¿Cuál es el perímetro del rectángulo nuevo más grande?

4. Un sendero para correr alrededor de un campo de juego rectangular mide 48 yardas por 52 yardas. Maya corre $3\frac{1}{2}$ vueltas por el sendero para correr. ¿Cuál es la cantidad total de yardas que Maya corre?

Lección 29:   Resolver una variedad de problemas escritos que involucran el área y el
                      perímetro usando las cuatro operaciones.

EUREKA
MATH™

Nombre _____   Fecha _____

1. Katherine junta dos cuadrados para formar el siguiente rectángulo. La longitud de los lados de los cuadrados es de 8 pulgadas.

8 in

a. ¿Cuál es el perímetro del rectángulo que Katherine hizo con 2 de sus cuadrados?

b. ¿Cuál es el área del rectángulo de Katherine?

c. Katherine decide dibujar otro rectángulo del mismo tamaño. ¿Cuál es el área del nuevo rectángulo más grande?

8 in

Lección 29:   Resolver una variedad de problemas escritos que involucran el área y el perímetro usando las cuatro operaciones.

EUREKA MATH™

©2017 Great Minds®. eureka-math.org

135

2. Daryl dibuja 6 rectángulos del mismo tamaño como se muestra a continuación para formar un nuevo rectángulo más grande. El área de uno de los rectángulos pequeños es de 12 centímetros cuadrados y el ancho es de 4 centímetros.

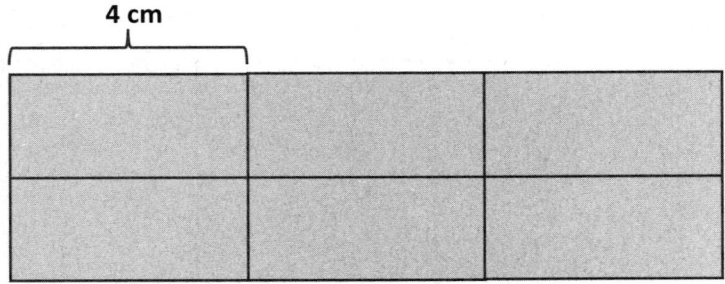

4 cm

a. ¿Cuál es el perímetro del nuevo rectángulo de Daryl?

b. ¿Cuál es el área del nuevo rectángulo de Daryl?

3. El campo de soccer del centro recreativo mide 35 yardas por 65 yardas. Chris domina el balón de soccer alrededor del perímetro del campo 4 veces. ¿Cuál es la cantidad total de yardas en las que Chris dominó el balón?

Lección 29:   Resolver una variedad de problemas escritos que involucran el área y el perímetro usando las cuatro operaciones.

EUREKA
MATH™

Nombre _____   Fecha _____

Usa este formulario para criticar el trabajo de resolución de problemas de tu compañero(a).

Compañero(a):		Número de problema:	
Estrategias que usó mi compañero(a):			
Cosas que hizo bien mi compañero(a):			
Sugerencias para mejorar:			
Estrategias que me gustaría intentar con base en el trabajo de mi compañero(a):			

Esta página se dejó en blanco intencionalmente

Nombre _____ Fecha _____

Usa el siguiente formulario para criticar la solución de problemas del estudiante A en la siguiente página.

Estudiante:	Estudiante A	Número de problema:	
Estrategias que usó el estudiante A:			
Cosas que el estudiante A hizo bien:			
Sugerencias para mejorar:			
Estrategias que me gustaría intentar con base en el trabajo del estudiante A:			

Lección 30:   Compartir y criticar las estrategias de los compañeros para la resolución de problemas.

©2017 Great Minds®. eureka-math.org

139

Nombre _____ **ESTUDIANTE A** Fecha _____

1. Katherine junta 2 cuadrados para formar el siguiente rectángulo. Las longitudes laterales de los cuadrados miden 8 pulgadas (in).

8 in

a. ¿Cuál es el perímetro del rectángulo de Katherine?

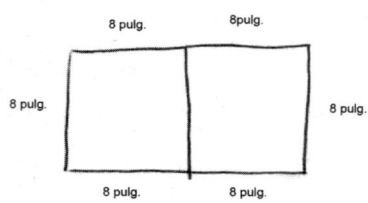

$P = 6 \times 8$ pulg.

$P = 48$ pulg.

El perímetro es de 48 pulgadas.

b. ¿Cuál es el área del rectángulo de Katherine?

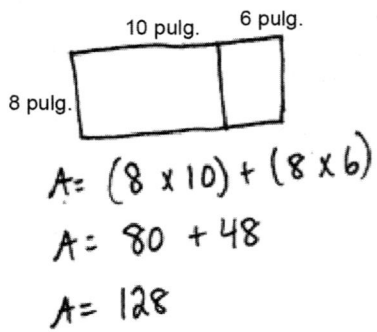

$A = (8 \times 10) + (8 \times 6)$

$A = 80 + 48$

$A = 128$

El área es de 128 pulg. cuadradas..

Lección 30: Compartir y criticar las estrategias de los compañeros para la resolución de problemas.

©2017 Great Minds®. eureka-math.org

EUREKA MATH

c. Katherine dibuja 2 de los rectángulos en el Problema 1, lado a lado. Su nuevo rectángulo más grande se muestra a continuación. ¿Cuál es el área del nuevo rectángulo más grande?

8 in

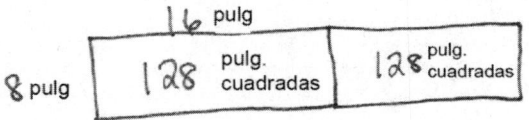

16 pulg

8 pulg   128 pulg. cuadradas   128 pulg. cuadradas

El área es de 128 pulg. cuadradas.

A = 128 pulg. cuadradas + 128 pulg. cuadradas

A = 256 pulg. cuadradas

EUREKA
MATH

Lección 30: Compartir y criticar las estrategias de los compañeros para la resolución de problemas.

©2017 Great Minds®. eureka-math.org

141

Esta página se dejó en blanco intencionalmente

Estudiante A

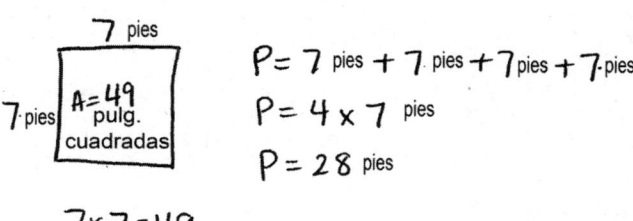

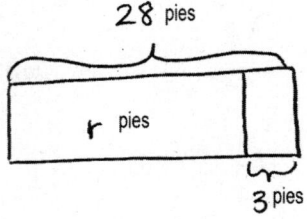

$P = 7$ pies $+ 7$ pies $+ 7$ pies $+ 7$ pies

$P = 4 \times 7$ pies

$P = 28$ pies

$7 \times 7 = 49$

$r = 28 - 3$

$r = 25$

La longitud de la cuerda es de 25 pies.

Estudiante B

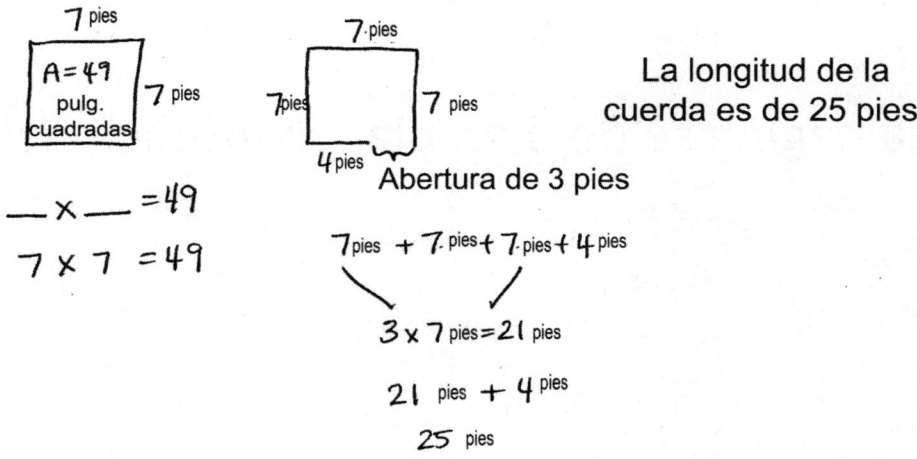

La longitud de la cuerda es de 25 pies.

Abertura de 3 pies

$\_\_ \times \_\_ = 49$

$7 \times 7 = 49$

7 pies $+ 7$ pies $+ 7$ pies $+ 4$ pies

3×7 pies $= 21$ pies

21 pies $+ 4$ pies

25 pies

Estudiante C

Área = 49 pies cuadrados

Rectángulos posibles:

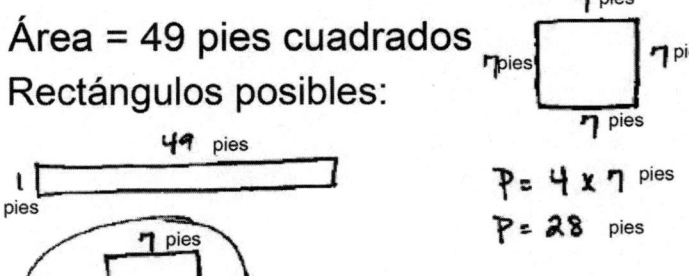

cuadrado

$P = 4 \times 7$ pies

$P = 28$ pies

28 pies $- 3$ pies $= 25$ pies

La longitud total de la cuerda es de 25 pies.

Imágenes de la muestra del trabajo del estudiante.

 **Lección 30:** Compartir y criticar las estrategias de los compañeros para la resolución de problemas.

©2017 Great Minds®. eureka-math.org

143

Esta página se dejó en blanco intencionalmente

Nombre _____ Fecha _____

Usa este formulario para analizar las representaciones de una mitad sombreada de tus compañeros(as).

Cuadrado (letra)	¿El cuadrado tiene una mitad sombreada?	Explica por qué sí o por qué no.	Describe los cambios que hay que hacer para que una mitad del cuadrado esté sombreada.

Lección 31: Explorar y crear representaciones no convencionales de la mitad de una figura.

©2017 Great Minds®. eureka-math.org

145

Esta página se dejó en blanco intencionalmente

Nombre _____   Fecha _____

1. Usa el siguiente rectángulo para responder el Problema 1(a–d).

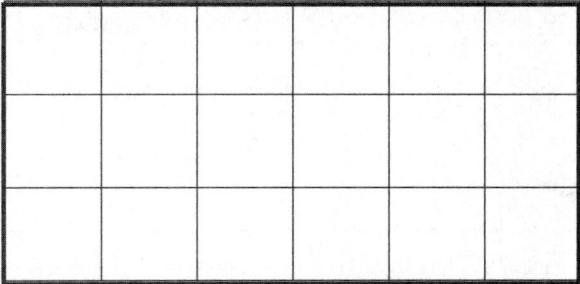

a. ¿Cuál es el área del rectángulo en unidades cuadradas?

b. ¿Cuál es el área de la mitad del rectángulo en unidades cuadradas?

c. Sombrea una mitad del siguiente rectángulo. ¡Sé creativo al sombrear!

d. Explica cómo sabes que has sombreado la mitad del rectángulo.

EUREKA MATH™

Lección 31:   Explorar y crear representaciones no convencionales de la mitad de
              una figura.

©2017 Great Minds®. eureka-math.org

147

2. Durante la clase de matemáticas, Arturo, Emilia y Gia dibujan una figura y después sombrean la mitad. Analiza el trabajo de cada estudiante. Determina si cada estudiante está en lo correcto o no y explica tu razonamiento.

Estudiante	Dibujo	Tu análisis
Arturo		
Emilia		
Gia		

3. Sombrea la siguiente cuadrícula para mostrar dos maneras diferentes de sombrear la mitad de cada figura.

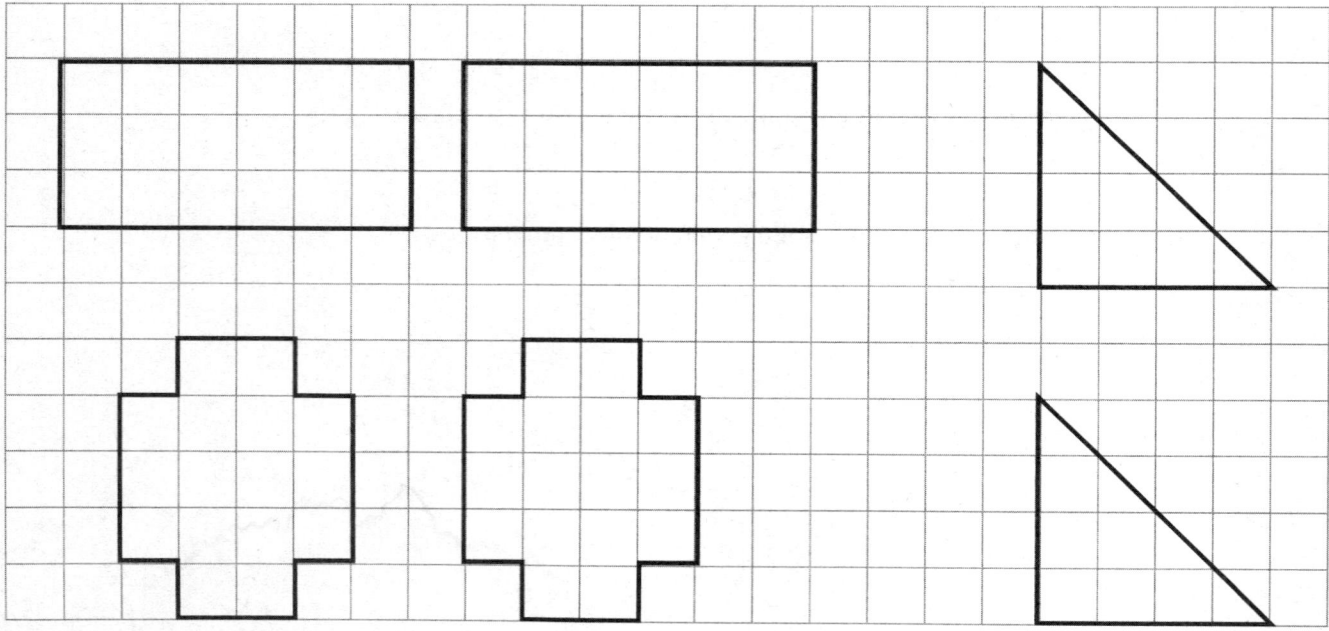

Lección 31:   Explorar y crear representaciones no convencionales de la mitad de una figura.

EUREKA MATH™

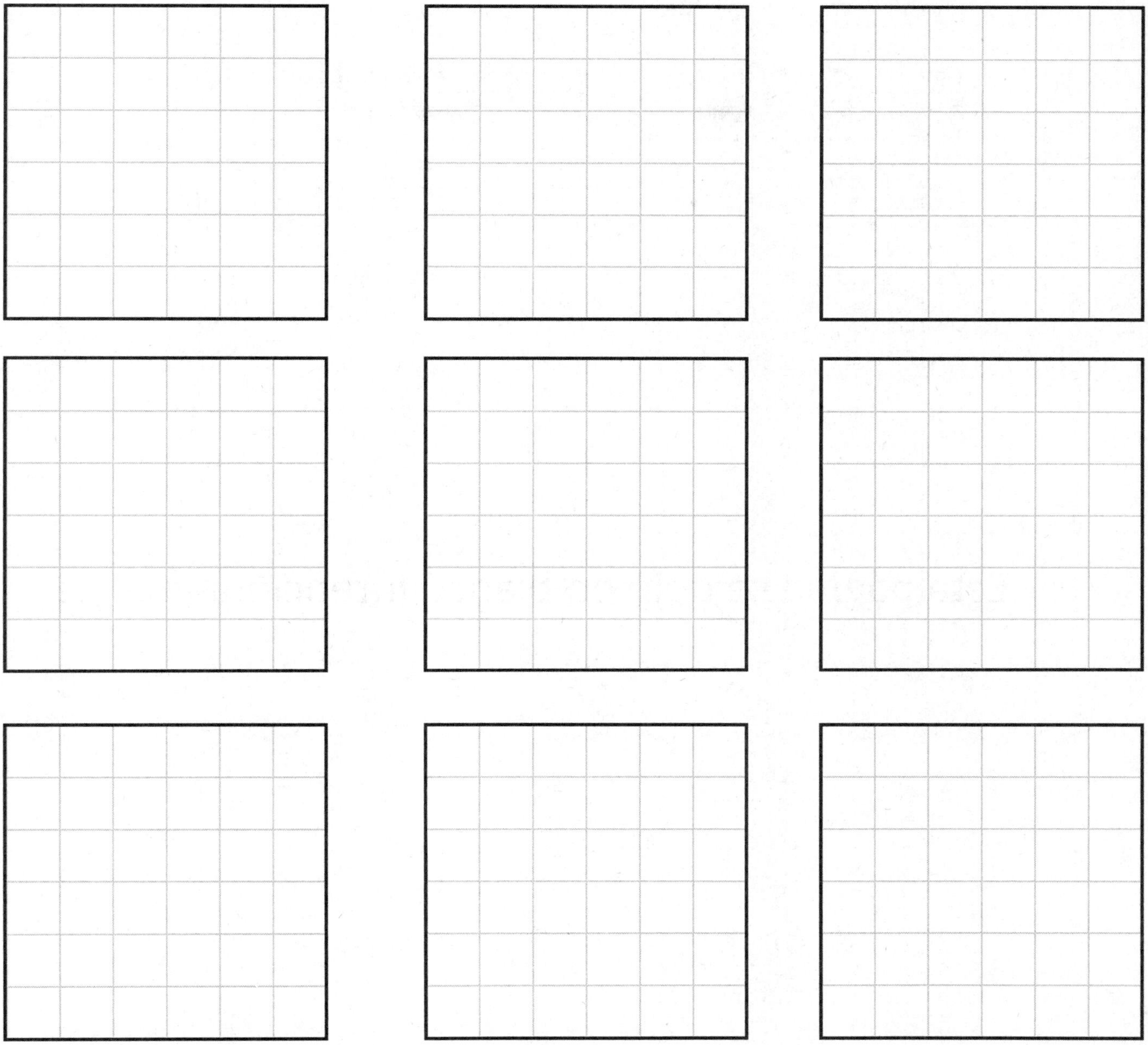

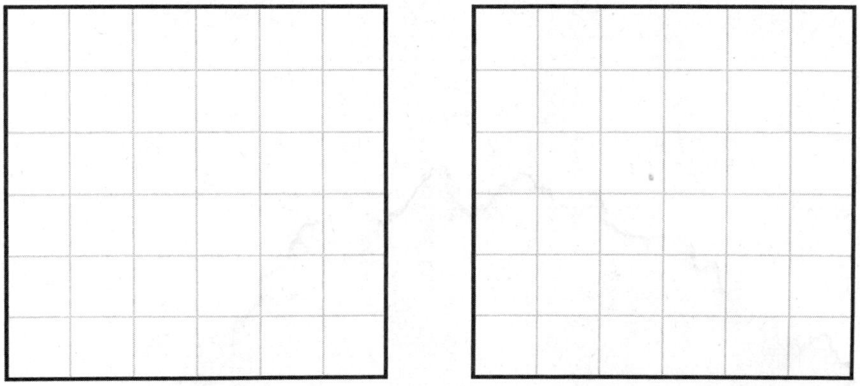

Cuadrados

 Lección 31:   Explorar y crear representaciones no convencionales de la mitad de
una figura.

149

©2017 Great Minds®. eureka-math.org

Esta página se dejó en blanco intencionalmente

Nombre _____   Fecha _____

1. Observa los círculos que sombreaste hoy. Pega en el siguiente espacio un círculo que tenga aproximadamente una mitad sombreada.

a. Explica la estrategia que utilizaste para sombrear la mitad de tu círculo.

b. ¿Tu círculo tiene sombreada exactamente la mitad? Justifica tu respuesta.

2. Julián sombrea 4 círculos como se muestra a continuación.

   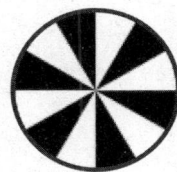

Círculo A   Círculo B   Círculo C   Círculo D

a. Escribe las letras de los círculos que tienen sombreada aproximadamente una mitad.

EUREKA MATH™

Lección 32: Explorar y crear representaciones no convencionales de la mitad de una figura.

©2017 Great Minds®. eureka-math.org

b. Elige un círculo de tu respuesta a la Parte (a) y explica cómo sabes que tiene aproximadamente la mitad sombreada.

Círculo _____

c. Elige un círculo que no mencionaste en la parte (a) y explica cómo se puede cambiar para que tenga aproximadamente la mitad sombreada.

Círculo _____

3. Lee las pistas que te ayudarán a sombrear el siguiente círculo.

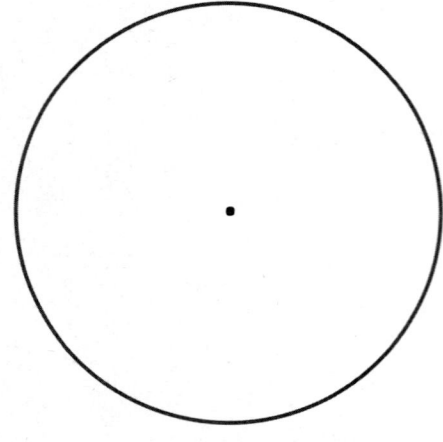

a. Divide el círculo en 4 partes iguales.

b. Sombrea 2 partes.

c. Borra un círculo pequeño de cada parte sombreada.

d. Calcula, dibuja y sombrea 2 círculos en las partes sin sombrear que sean del mismo tamaño que los círculos que borraste en la parte (c).

4. ¿Sombreaste una mitad del círculo en el problema 3? ¿Cómo lo sabes?

Lección 32: Explorar y crear representaciones no convencionales de la mitad de una figura.

©2017 Great Minds®. eureka-math.org

EUREKA MATH™

Nombre _____   Fecha _____

1. Calcula para terminar el sombreado de los siguientes círculos de manera que cada círculo tenga aproximadamente la mitad sombreada.

a.
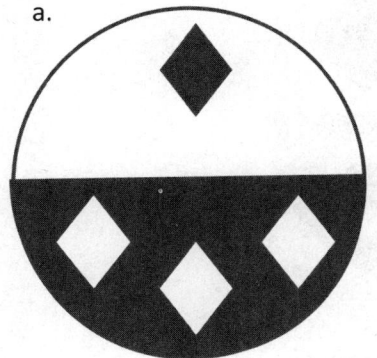

b.
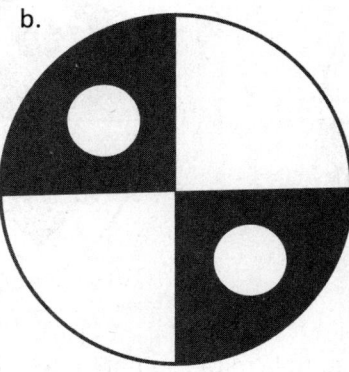

c.
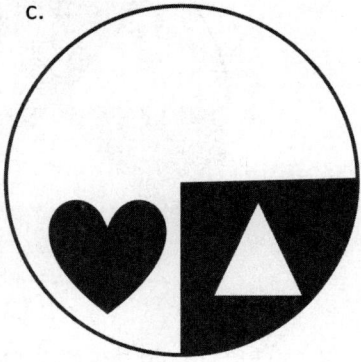

2. Elige uno de los círculos en el Problema 1 y explica cómo sabes que tiene sombreada aproximadamente la mitad.

Círculo _____

3. ¿Se puede decir que los círculos en el Problema 1 tienen exactamente la mitad sombreada? ¿Por qué sí o por qué no?

EUREKA MATH

Lección 32:   Explorar y crear representaciones no convencionales de la mitad de una figura.

153

©2017 Great Minds®. eureka-math.org

4. Marissa y Jake sombrean círculos como se muestra a continuación.

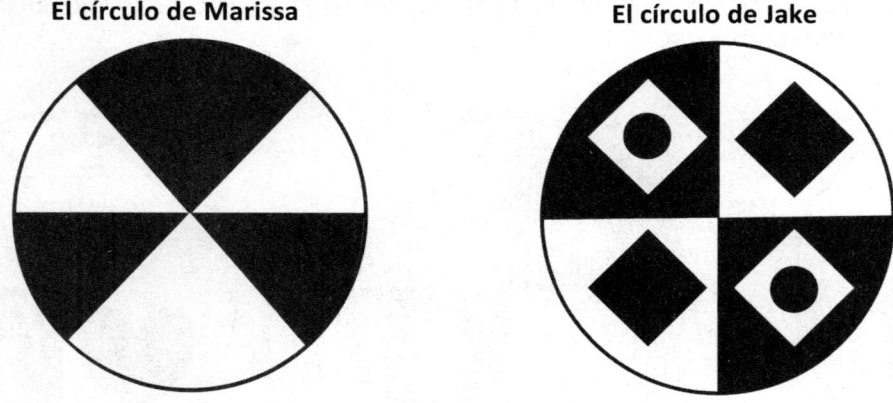

El círculo de Marissa   **El círculo de Jake**

a. ¿Qué círculo tiene aproximadamente la mitad sombreada? ¿Cómo lo sabes?

b. Explica cómo se puede cambiar el círculo que no tiene la mitad sombreada para que la tenga sombreada.

5. Calcula para sombrear de una manera inusual aproximadamente la mitad de cada círculo a continuación.

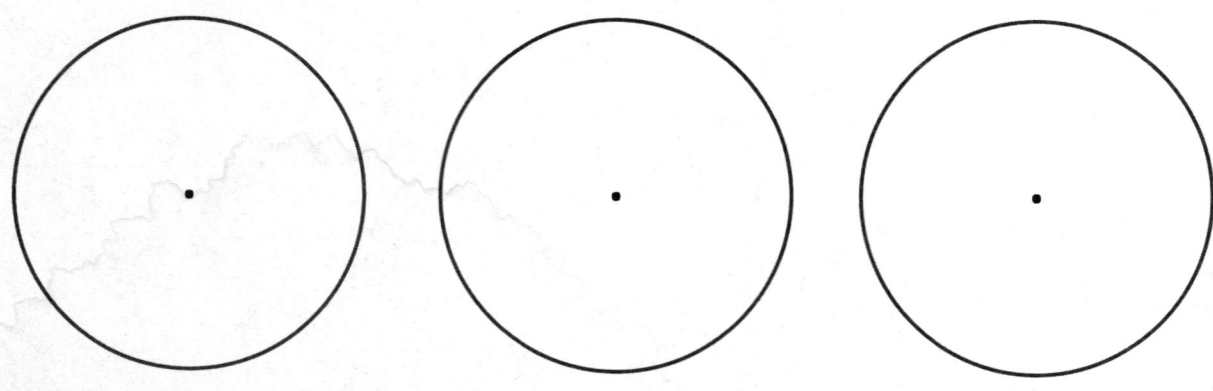

Lección 32:   Explorar y crear representaciones no convencionales de la mitad de una figura.

©2017 Great Minds®. eureka-math.org

Nombre _____ Fecha _____

Menciona en la siguiente tabla algunos juegos que jugamos hoy. Coloca una marca de verificación en la casilla que corresponda, indicando cómo te sentiste con respecto a tu nivel de fluidez mientras realizabas cada actividad. Marca la última columna si te gustaría practicar esta actividad durante el verano.

Actividad	Todavía necesito algo de práctica con mis operaciones.	Tengo fluidez.	Me gustaría poner esto en mi cuaderno de actividades de verano.
1.			
2.			
3.			
4.			
5.			
6.			
7.			
8.			

Esta página se dejó en blanco intencionalmente

Nombre _____ Fecha _____

Enseña a un integrante de tu familia a jugar tu juego favorito de fluidez de la clase. A continuación, escribe información sobre el juego que enseñaste.

Nombre del juego: _____

_____

Materiales utilizados: _____

_____

Nombre de la persona a la que le enseñaste a jugar: _____

Describe cómo fue enseñar el juego. ¿Fue fácil?, ¿difícil?, ¿por qué? _____

_____

_____

_____

¿Jugarán el juego juntos nuevamente? ¿Por qué sí o por qué no? _____

_____

_____

¿Jugar el juego en casa fue tan divertido como en clase? ¿Por qué sí o por qué no? _____

_____

_____

Esta página se dejó en blanco intencionalmente

Nombre _____   Fecha _____

Completa una actividad de matemáticas cada día. Para dar seguimiento a tu progreso, colorea la caja después de haber terminado.

Repaso de matemáticas de verano: Semanas 1–5

	Lunes	Martes	Miércoles	Jueves	Viernes
Semana 1	Haz saltos de tijera mientras cuentas de dos en dos del 2 al 20 y hacia atrás.	Juega un juego de tu cuadernillo de Práctica de verano.	Usa las piezas de tangram para formar una figura de tus vacaciones de verano.	Mide el tiempo que te toma realizar una tarea específica, como hacer la cama. Ve si puedes hacerlo más rápido el siguiente día.	Completa un sprint.
Semana 2	Haz sentadillas mientras cuentas de tres en tres del 3 al 30 y hacia atrás.	Juega un juego de tu cuadernillo de Práctica de verano.	Recopila datos sobre el tipo de música favorita de tu familia o amigos. Preséntalo en una gráfica de barras. ¿Qué descubriste de tu gráfica?	Lee una receta. ¿Qué fracciones usa la receta?	Completa una Hoja de patrones de multiplicar.
Semana 3	Salta en un pie mientras cuentas de cuatro en cuatro del 4 al 40 y hacia atrás.	Crea un juego matemático de multiplicación y/o división. Después, juega el juego con un compañero.	Mide el ancho de diferentes hojas del mismo árbol hasta el cuarto de pulgada más cercano. Después, dibuja un diagrama de puntos con tus datos. ¿Notas un patrón?	Lee el peso en gramos de diferentes alimentos en tu cocina. Redondea los pesos a los 10 o 100 gramos más cercanos.	Completa un sprint.
Semana 4	Rebota una pelota mientras cuentas de 5 en 5 minutos hasta 1 hora y después, hasta media hora y cuarto de hora.	Encuentra, dibuja y/o crea objetos diferentes para mostrar un cuarto.	Juega a la búsqueda del tesoro con figuras. Encuentra tantos cuadriláteros como puedas en tu vecindario o casa.	Encuentra la suma y la diferencia de 453 ml y 379 ml.	Completa una Hoja de patrones de multiplicar.
Semana 5	Oscila los brazos mientras cuentas de seis en seis desde 6 hasta 60 y hacia atrás.	Dibuja e identifica un plano de tu casa.	Mide el perímetro de la habitación en la que duermes en pulgadas. Después, calcula el área.	Usa un cronómetro para medir qué tan rápido puedes correr 50 metros. Hazlo 3 veces. ¿Cuál fue tu mejor tiempo?	Completa un sprint.

Lección 34:   Crear cuadernillos de recursos para desarrollar la fluidez en las habilidades del 3.er Grado.

159

Nombre _____   Fecha _____

Completa una actividad de matemáticas por día. Para dar seguimiento a tu progreso, colorea la caja después de haber terminado.

Repaso de Matemáticas de verano: Semanas 6–10

	Lunes	Martes	Miércoles	Jueves	Viernes
Semana 6	Cuenta alternadamente con un amigo o familiar de siete en siete desde 7 hasta 70 y hacia atrás.	Juega a un juego de tu cuadernillo de Práctica de verano.	Escribe un problema razonado para 7 x 6.	Resuelve 15 × 4. Dibuja un modelo para mostrar tu razonamiento.	Completa una Hoja de patrones de multiplicar.
Semana 7	Salta hacia atrás y hacia adelante mientras cuentas de ocho en ocho desde 8 hasta 80 y hacia atrás.	Juega a un juego de tu cuadernillo de Práctica de verano.	Usa una cuerda para medir el perímetro de artículos circulares en tu casa hasta el cuarto de pulgada más cercano.	Construye una matriz de 4 por 6 con objetos de tu casa. Escribe 2 enunciados de multiplicación y 2 enunciados de división para tu matriz.	Completa un sprint.
Semana 8	Has flexiones de brazo mientras cuentas de nueve en nueve desde 9 hasta 90 y hacia atrás. Enseña a alguien el truco de los nueve dedos.	Crea un juego matemático de multiplicación y/o división. Después, juega el juego con un compañero.	Escribe un problema razonado para 72 ÷ 8.	Mide o encuentra la capacidad en mililitros de diferentes líquidos en tu cocina. Redondea cada uno a los 10 o 100 mililitros más cercanos.	Completa una Hoja de patrones de multiplicar.
Semana 9	Salta la cuerda mientras cuentas de diez en diez desde 280 hasta 370 y hacia atrás.	Encuentra, dibuja y/o crea objetos diferentes para mostrar un tercio.	Juega a la Búsqueda del tesoro con figuras. Encuentra tantos triángulos y hexágonos como puedas en tu vecindario o casa.	Mide el peso de diferentes productos en el supermercado. ¿Qué unidades mediste? ¿Cuáles son los objetos más ligeros y más pesados que pesaste?	Completa un sprint.
Semana 10	Cuenta de seis en seis empezando en 48. Cuenta lo más que puedas en un minuto.	Dibuja e identifica un plano de la casita del árbol de tus sueños.	Encuentra el perímetro de una habitación diferente de tu casa. ¿Cuánto menor o mayor es en comparación al perímetro de la habitación donde duermes?	Muestra a alguien tu estrategia para resolver 8 x 16.	Completa una Hoja de patrones de multiplicar.

Lección 34:   Crear cuadernillos de recursos para desarrollar la fluidez en las habilidades del 3.ᵉʳ Grado.

EUREKA MATH™